印刷工业出版分社

世界技能大赛
印刷媒体技术项目

李不言 管雯珺 薛 克 编著

SHIJIE JINENG DASAI
YINSHUA MEITI JISHU XIANGMU

文化发展出版社
Cultural Development Press
·北京·

图书在版编目（CIP）数据

世界技能大赛印刷媒体技术项目 / 李不言，管雯珺，薛克编著．-- 北京 ：文化发展出版社，2024．11．
ISBN 978-7-5142-4422-9

Ⅰ．TS801.8

中国国家版本馆 CIP 数据核字第 2024AJ7321 号

世界技能大赛印刷媒体技术项目

李不言　管雯珺　薛　克　编著

出 版 人：宋　娜
责任编辑：李　毅　雷大艳　　　　责任校对：侯　娜
责任印制：邓辉明　　　　　　　　封面设计：魏　来
出版发行：文化发展出版社（北京市翠微路 2 号　邮编：100036）
发行电话：010-88275993　010-88275710
网　　址：www.wenhuafazhan.com
经　　销：全国新华书店
印　　刷：中煤（北京）印务有限公司

开　　本：787mm × 1092mm　1/16
字　　数：168 千字
印　　张：11.25
彩　　插：2P
版　　次：2024 年 11 月第 1 版
印　　次：2024 年 11 月第 1 次印刷

定　　价：58.00 元
I S B N：978-7-5142-4422-9

前 言

世界技能大赛起源于1950年，是由世界技能组织举办的世界最高层级的职业技能竞赛，被誉为“世界技能奥林匹克”。目前，世界技能组织共有86个国家和地区成员，遍布亚洲、欧洲、北美洲、南美洲、非洲和大洋洲。

中国于2010年加入世界技能组织，参加了第41、第42、第43、第44、第45届世界技能大赛和2022年世界技能大赛特别赛，累计获得57枚金牌、32枚银牌、24枚铜牌和63个优胜奖，且在第44、第45届世界技能大赛和2022年世界技能大赛特别赛中夺得金牌榜、奖牌榜第一。

印刷媒体技术项目于2005年第38届世界技能大赛时首次设立，曾历经“胶印”“印刷”两次更名。2011年第42届世界技能大赛，中国首次参加印刷媒体技术项目，至今已连续参加5届，共获得1枚金牌、1枚银牌、1枚铜牌和1个优胜奖，成为该项目历史上首个实现各类奖牌（含优胜奖）“大满贯”的国家。

印刷媒体技术项目共包含胶印、数字印刷、附加任务三大模块，20余项任务。该项目要求选手具备工作组织和管理、计划和准备、印刷、质量控制、故障排除、印后加工、清洁等方面的专业知识和职业技能，竞赛内容涉及我国平版制版员、平版印刷员、数字印刷员、装订工、裁切工5个职业工种，是世界“印刷技能全才”的相互比拼。

《世界技能大赛印刷媒体技术项目》一书从发展历史、技术要求、比赛内容、技术分析、评判方法和设施设备等角度出发全面介绍了该项目。编者通过比赛真实任务，结合5届参赛经验，系统分析了胶印、数字印刷、附加任务三大模块的工作要点和方法，并首次将印刷媒体技术项目中使用的测量评判和计分方法进行了技术分类，对项目中的重点设施设备进行了汇总梳理。本书旨在为有意愿参加世界技能大赛印刷媒体技术项目的院校、选手、教练提供详尽的技术资料，为推进印刷相关专业与国际标准接轨的教学改革提供参考依据，为各类印刷行业职业技能竞赛技术工作提供借鉴思路。

《世界技能大赛印刷媒体技术项目》一书由上海出版印刷高等专科学校教师李不言、管雯珺、薛克编写。李不言曾担任第44、第45届世界技能大赛和2022年世界技能大赛特别赛印刷媒体技术项目中国技术指导专家组组长，第43届世界技能大赛印刷媒体技术项目中国教练组组长，第44、第45届世界技能大赛全国选拔赛，中华人民共和国第一、第二届职业技能大赛印刷媒体技术项目裁判长，负责第一、第二、第三（第一、第三节）、第四、第五章编写。管雯珺曾担任中华人民共和国第一、第二届职业技能大赛印刷媒体技术项目裁判长助理，负责第三章（第二节）、附录编写，并对全书进行统校。薛克曾担任第43届世界技能大赛印刷媒体技术项目中国技术指导专家组组长，第44、第45届世界技能大赛和2022年世界技能大赛特别赛印刷媒体技术项目中国教练组组长，负责对全书进行统稿和技术指导。

由于编者水平有限，恳请各位专家、读者对本书的不足之处予以批评指正。

编　者

2024年5月

目 录

第一章 世界技能大赛介绍

第二章 印刷媒体技术项目介绍

| 第三章　印刷媒体技术项目的技术分析 |

第四章 印刷媒体技术项目的评判方法

第五章 印刷媒体技术项目的设施设备

第一章

世界技能大赛介绍

第一节　世界技能大赛的发展历史和组织机构

世界技能大赛（WorldSkills Competition，WSC）被誉为“世界技能奥林匹克”，是世界最高层级的职业技能竞赛。

一、世界技能大赛的发展历史

（一）比赛起源（20 世纪 40 年代）

1946 年，西班牙国内大量技能工人短缺，为了应对这一困境，弗朗西斯科·阿尔伯特·维达尔（Francisco Albert Vidal）（图 1-1）先生于 1950 年在西班牙马德里举办了第 1 届世界技能大赛，旨在通过比赛来激发更多青年人学习技能的热情。来自西班牙、葡萄牙 2 个国家的共 24 名青年参加了本次比赛，这标志着世界技能大赛正式拉开序幕。

图 1-1　弗朗西斯科·阿尔伯特·维达尔

（二）逐步拓展（20 世纪 50 年代至 70 年代）

1953 年，第 3 届世界技能大赛在西班牙马德里举办，除西班牙、葡萄牙以外，来自德国、英国、法国、摩洛哥和瑞士的选手也参加了比赛，世界技能大赛的规模开始迅速拓展。

1958 年，第 7 届世界技能大赛在比利时布鲁塞尔举办（图 1-2），世界技能大赛的赛场首次走出了西班牙，开始向全球扩展。至 20 世纪 60 年代末，世界技能大赛相继在意大利、德国、爱尔兰、葡萄牙、英国、荷兰、瑞士等欧洲国家举办。

自 20 世纪 60 年代起，亚洲国家的身影开始出现在世界技能大赛中。1970 年，第 19 届世界技能大赛在日本东京举办，这是世界技能大赛首次在欧洲以外的国家“落地生根”（图 1-3）。

图 1-2 第 7 届世界技能大赛

图 1-3 第 19 届世界技能大赛

（三）稳定发展（20 世纪 70 年代至今）

1971 年，从第 20 届世界技能大赛（西班牙希洪）开始，比赛举办频率由每年一届基本稳定在两年一届。至 20 世纪 80 年代末，参赛选手数量突破 300 人；90 年代末，参赛选手突破 500 人。在此期间，世界技能大赛的举办地已遍布欧洲、亚洲、北美洲、大洋洲，在全球的影响力不断扩大，越来越多的国家和地区加入这个世界性舞台。

2007 年，第 39 届世界技能大赛（日本静冈）举办期间首次组织了“一校一队”活动（图 1-4）。其内容是参赛国家和地区的选手在组委会的安排下，于赛前赴东道主国家和地区的一所中、小学开展交流活动，为在校学生介绍、传播技能及世界技能组织文化。目前，该活动已成为世界技能大赛的固定特色活动之一。

图 1-4　首次“一校一队”活动

2015 年，第 43 届世界技能大赛在巴西圣保罗举办，共有来自 62 个国家和地区的 1186 名选手参赛，世界技能大赛的参赛选手数量首次破千人。2019 年 8 月 22 日至 27 日，第 45 届世界技能大赛在俄罗斯喀山举办，共有 1355 名参赛选手，这是迄今为止规模最大的一届世界技能大赛。

截至 2019 年，世界技能大赛已举办 45 届（见附录 1），其中在欧洲举办 33 届、在亚洲举办 7 届、在北美洲举办 3 届、在南美洲举办 1 届、在大洋洲举办 1 届。2022 年，因新型冠状病毒感染疫情，原定于在中国上海举办的第 46 届世界技能大赛取消。同年 9 月中旬至 11 月下旬，2022 年世界技能大赛特别赛在 15 个国家分散举办，作为第 46 届世界技能大赛的替代活动。

二、世界技能大赛的组织机构

（一）创立与发展

世界技能组织是世界技能大赛的组织机构，其前身是“国际职业技能训练组织”（International Vocation Training Organization，IVTO），由西班牙和葡萄牙两国于 1950 年在荷兰阿姆斯特丹共同发起创立。在其 50 周年会员大会上，该组织正式易名为“世界技能组织”（WorldSkills International, WSI）（标志如图 1-5 所示）。截至 2023 年 9 月，世界技能组织共有 86 个

图 1-5　世界技能组织的标志

国家和地区的成员（见附录3），其中1990—2019年，世界技能组织的成员数量出现了大幅度的增长。

（二）管理与运行

世界技能组织由全体大会（General Assembly）和董事会（Board of Directors）进行管理（图1-6）。常设机构有战略发展委员会（Strategic Development Committee）和竞赛委员会（Competitions Committee）。全体大会拥有世界技能组织的最高管理权，由各成员国或地区的行政代表（Official Delegates）和技术代表（Technical Delegates）参加，每年召开一次。董事会由主席、负责战略发展委员会的成员、负责竞赛委员会的成员和财务主管组成，董事会成员的任期为2年，由全体大会无记名投票选举产生。董事会向全体大会负责。

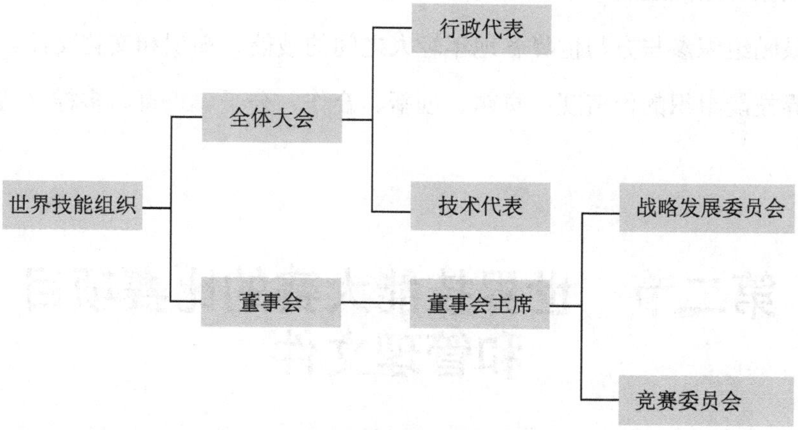

图1-6　世界技能组织的管理架构

战略发展委员会由各成员国和地区的行政代表组成，由负责战略发展委员会的董事会成员共同承担职责。战略发展委员会监督所有战略发展并支持完成世界技能组织的愿景、使命、目标和宗旨。战略发展委员会负责组织各成员及相关责任人参与世界技能大赛，利用其人才和能力为世界技能大赛服务。

竞赛委员会由各成员国或地区的技术代表组成，由负责竞赛委员会的董事会成员共同承担职责。竞赛委员会负责世界技能大赛的筹备、运行和管理，确保比赛在各方面及比赛标准上达到卓越。

世界技能组织的愿景：用技能的力量改善我们的世界。

世界技能组织的使命：提升技能人员的知名度和被认可度，展示技能在经济增长和个人成功方面的重要性。

世界技能组织的目标包括七个方面。

①利用全球成员的努力促进世界技能组织的发展；

②将世界技能大赛推广成为世界首位的认识技能和发展技能的盛会；

③建立现代化、灵活性的组织架构，支撑世界技能组织的全球活动；

④选拔公司、政府和非政府组织并建立战略伙伴关系，进一步实现世界技能组织的目标；

⑤传播和共享技能标准以及世界技能大赛标准；

⑥加强与相关组织、单位之间的互动，为技能发展和创新提供新机遇；

⑦鼓励组织参与方与世界各地年轻人之间的技能、知识和文化交流。

世界技能组织的价值观：卓越、创新、合作、公平、正直、多样、透明。

第二节　世界技能大赛的比赛项目和管理文件

一、世界技能大赛的比赛项目

每届世界技能大赛的比赛项目数量都不相同，主要是由于世界技能组织会根据当届比赛的总体可用空间、各项目所需空间、各项目参赛选手人数等因素对比赛项目进行遴选，并保证所有比赛项目能够反映世界技能组织的使命和目标，能够反映全球经济对技能的需求。近 10 届世界技能大赛的比赛项目数量如表 1-1 所示。2022 年世界技能大赛特别赛比赛项目如表 1-2 所示。

表 1-1　近 10 届世界技能大赛的比赛项目数量

届别（年份）	举办地	项目数量
第 37 届（2003）	瑞士	46
第 38 届（2005）	芬兰	39
第 39 届（2007）	日本	38
第 40 届（2009）	加拿大	41
第 41 届（2011）	英国	46
第 42 届（2013）	德国	46
第 43 届（2015）	巴西	50
第 44 届（2017）	阿联酋	51
第 45 届（2019）	俄罗斯	56
特别赛（2022）	瑞士等 15 国	62

世界技能大赛的比赛项目共分为六大领域（见附录 4）：

①运输与物流（Transportation and Logistics）（图 1-7）

②结构与建筑技术（Construction and Building Technology）（图 1-8）

图 1-7　车身修理（运输与物流）

图 1-8　木工（结构与建筑技术）

③制造与工程技术（Manufacturing and Engineering Technology）（图 1-9）

④信息与通信技术（Information and Communication Technology）（图 1-10）

⑤创意艺术与时尚（Creative Arts and Fashion）（图 1-11）

⑥社会与个人服务（Social and Personal Services）（图 1-12）

图 1-9　数控铣（制造与工程技术）

图 1-10　印刷媒体技术（信息与通信技术）

图 1-11　花艺（创意艺术与时尚）

图 1-12　餐厅服务（社会与个人服务）

表 1-2　2022 年世界技能大赛特别赛比赛项目

领域	项目数量	项目名称
运输与物流	6	飞机维修、车身修理、汽车技术、汽车喷漆、货运代理、重型车辆维修
结构与建筑技术	13	砌筑、家具制作、木工、混凝土建筑、电气装置、精细木工、园艺、油漆与装饰、抹灰与隔墙系统、管道与制暖、制冷与空调、建筑石雕、瓷砖贴面
制造与工程技术	21	增材制造、化学实验室技术、数控铣、数控车、建筑金属构造、数字建造、电子技术、工业控制、工业机械、工业 4.0、制造团队挑战赛、CAD 机械设计、机电一体化、光电技术、塑料模具工程、原型制作、可再生能源、机器人系统集成、水处理技术、移动机器人、焊接
信息与通信技术	8	云计算、网络安全、信息网络布线、网络系统管理、商务软件解决方案、移动应用开发、印刷媒体技术、网站设计与开发
创意艺术与时尚	6	3D 数字游戏艺术、时装技术、花艺、平面设计技术、珠宝加工、商品展示技术
社会与个人服务	8	烘焙、美容、烹饪（西餐）、美发、健康和社会照护、酒店接待、糖艺 / 西点制作、餐厅服务

二、世界技能大赛的管理文件

世界技能大赛包含赛前组织、比赛过程、项目评分、赛后颁奖等环节，所涉及的竞赛规则、道德规范、技术描述、环保条例等内容均通过一系列文件进行了详细的规定，每位参加比赛相关工作的组织人员、专家、参赛选手、服务人员、技术人员都必须严格遵守相关规定。具体文件如下。

①《章程》（*Constitution*）（图 1-13）

②《议事规则》（*Standing Orders*）（图 1-14）

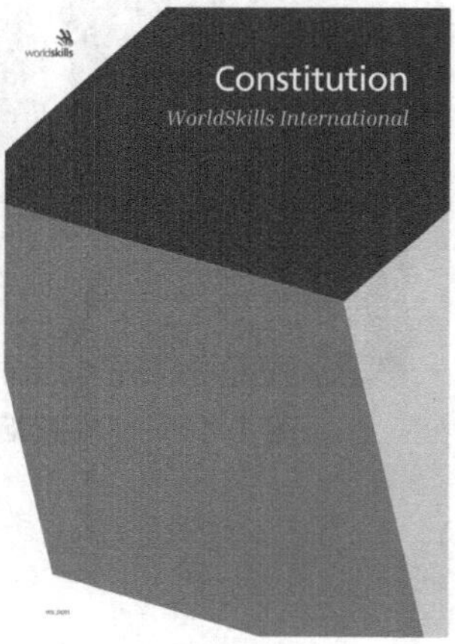

图 1-13　《章程》

图 1-14　《议事规则》

③《竞赛规则》（*Competition Rules*）（图 1-15）

④《道德与行为准则》（*Code of Ethics and Conduct*）（图 1-16）

图 1-15　《竞赛规则》

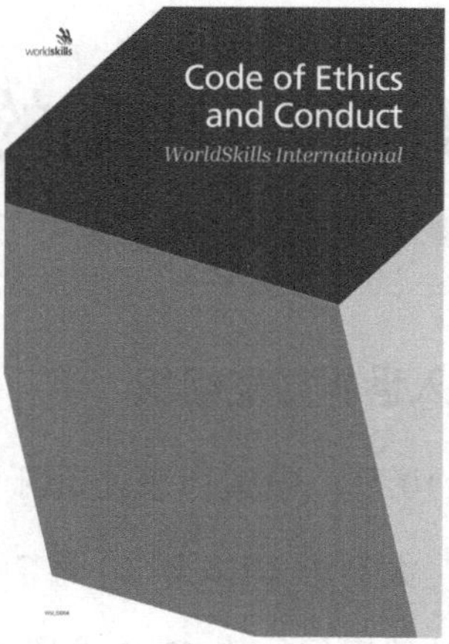

图 1-16　《道德与行为准则》

⑤《健康、安全、环境政策与规定》（*Health, Safety, and Environment Policy and Regulations*）（图 1-17）

⑥《专家指南》（*Expert Guide*）（图 1-18）

图 1-17 《健康、安全、环境政策与规定》

图 1-18 《专家指南》

⑦《技术描述》（*Technical Description*）

⑧《测试项目》（*Test Project*）

⑨《评分方案》（*Marking Scheme*）

⑩《基础设施设备列表》（*Infrastructure List*）

第三节 中国的世界技能大赛之路

一、加入世界技能组织

2010 年 10 月，中国代表团赴牙买加首都金斯敦参加了 2010 年世界技能组织全体大会，大会于 2010 年 10 月 7 日表决通过中国正式加入世界技能组织，中国成为世界技能组织的第 53 个成员。

中国加入世界技能组织后，为了做好参加世界技能大赛的组织、管理工作，人力资源和社会保障部设立了世界技能大赛中国组委会（WorldSkills China）（标志如图 1-19 所示），对参赛工作进行指导。组委会设秘书处、对外工作组（国际合作司）、技术支持组、保障服务组、新闻宣传组。

图 1-19　世界技能大赛中国组委会的标志

二、中国参赛历程

中国加入世界技能组织后，先后参加了第 41、第 42、第 43、第 44、第 45 届世界技能大赛和 2022 年世界技能大赛特别赛（表 1-3），累计获得 57 枚金牌、32 枚银牌、24 枚铜牌和 63 个优胜奖（表 1-4），特别是在第 44、第 45 届世界技能大赛和 2022 年世界技能大赛特别赛中均夺得金牌榜、奖牌榜第一，虽然中国参加世界技能大赛较晚，但在短短 6 届内取得了举世瞩目的成绩。

表 1-3　世界技能大赛中国参赛情况

届别（年份）	举办地	比赛项目数量	参赛项目数量
第 41 届（2011）	英国	46	6
第 42 届（2013）	德国	46	22
第 43 届（2015）	巴西	50	29
第 44 届（2017）	阿联酋	51	47
第 45 届（2019）	俄罗斯	56	56
特别赛（2022）	瑞士等 15 国	62	34

注：在 2022 年世界技能大赛特别赛中，中国选手参加的 34 个项目分别于瑞士、德国、法国、芬兰、韩国、日本、奥地利等 7 个国家举办。

表 1-4　世界技能大赛中国获奖情况

届别（年份）	举办地	金牌	银牌	铜牌	优胜奖
第 41 届（2011）	英国	0	1	0	5
第 42 届（2013）	德国	0	1	3	13
第 43 届（2015）	巴西	5	6	4	11
第 44 届（2017）	阿联酋	15	7	8	12
第 45 届（2019）	俄罗斯	16	14	5	17
特别赛（2022）	瑞士等 15 国	21	3	4	5
合计		57	32	24	63

第二章

印刷媒体技术项目介绍

第一节　印刷媒体技术项目的发展历史

2005 年，第 38 届世界技能大赛在芬兰赫尔辛基举办，共有来自全球 38 个国家和地区的 666 位选手参加了比赛。一个名为“印刷”（Printing）的新比赛项目首次出现在世界技能大赛中，共有来自比利时等 8 个国家的选手参加了该项目比赛。“印刷”项目在举办了 2 届后，于 2009 年第 40 届世界技能大赛中，名称更改为“胶印”（Offset Printing）。2013 年，在第 42 届世界技能大赛中，“胶印”项目再次更名为“印刷媒体技术”（Printing Media Technology）并一直沿用至今。截至 2022 年世界技能大赛特别赛，印刷媒体技术项目在世界技能大赛共举办 9 届（表 2-1），未曾间断。世界技能大赛印刷媒体技术项目比赛现场如图 2-1 所示。

图 2-1　世界技能大赛印刷媒体技术项目赛场

表 2-1　世界技能大赛印刷媒体技术项目的参赛国家和地区

届别（年份）	选手数量	参赛国家和地区
第 38 届（2005）	7	比利时、德国、芬兰、荷兰、挪威、瑞典、瑞士
第 39 届（2007）	9	丹麦、德国、法国、芬兰、荷兰、日本、瑞典、瑞士、新西兰

（续表）

届别（年份）	选手数量	参赛国家和地区
第 40 届（2009）	14	比利时、丹麦、德国、法国、芬兰、荷兰、加拿大、美国、挪威、日本、瑞典、瑞士、新西兰、中国香港
第 41 届（2011）	11	比利时、丹麦、德国、法国、芬兰、加拿大、美国、日本、瑞典、瑞士、中国香港
第 42 届（2013）	13	爱沙尼亚、奥地利、比利时、巴西、丹麦、德国、法国、芬兰、加拿大、美国、日本、瑞士、中国
第 43 届（2015）	11	奥地利、比利时、巴西、丹麦、德国、法国、哥伦比亚、芬兰、日本、瑞士、中国
第 44 届（2017）	11	奥地利、比利时、巴西、德国、俄罗斯、法国、美国、日本、瑞士、中国、中国香港
第 45 届（2019）	15	爱沙尼亚、奥地利、比利时、巴西、德国、俄罗斯、法国、芬兰、哈萨克斯坦、美国、日本、瑞士、印度、中国、中国香港
特别赛（2022）	7	德国、法国、芬兰、日本、瑞士、印度、中国

从表 2–1 中可知，在过往的 9 届比赛中，共有 22 个国家和地区参加印刷媒体技术项目，其中德国、瑞士参加了 9 届；芬兰、法国、日本参加了 8 届；比利时参加了 7 届；丹麦、美国、中国参加了 5 届；奥地利、巴西、瑞典、中国香港参加了 4 届；加拿大、荷兰参加了 3 届；爱沙尼亚、俄罗斯、新西兰、挪威、印度参加了 2 届；哥伦比亚、哈萨克斯坦参加了 1 届。

世界技能大赛印刷媒体技术项目获奖情况如表 2–2 所示，世界技能大赛印刷媒体技术项目奖牌统计如表 2–3 所示。

表 2–2　世界技能大赛印刷媒体技术项目获奖情况

届别（年份）	举办地	金牌	银牌	铜牌
第 38 届（2005）	芬兰赫尔辛基	比利时	德国	瑞士
第 39 届（2007）	日本静冈	法国	瑞士	新西兰
第 40 届（2009）	加拿大卡尔加里	瑞士、日本	—	德国、加拿大
第 41 届（2011）	英国伦敦	日本	芬兰	比利时

（续表）

届别（年份）	举办地	金牌	银牌	铜牌
第 42 届（2013）	德国莱比锡	瑞士	德国	中国
第 38 届（2005）	芬兰赫尔辛基	比利时	德国	瑞士
第 39 届（2007）	日本静冈	法国	瑞士	新西兰
第 40 届（2009）	加拿大卡尔加里	瑞士、日本	—	德国、加拿大
第 41 届（2011）	英国伦敦	日本	芬兰	比利时
第 42 届（2013）	德国莱比锡	瑞士	德国	中国
第 43 届（2015）	巴西圣保罗	巴西	中国	法国
第 44 届（2017）	阿联酋阿布扎比	巴西、法国	—	瑞士
第 45 届（2019）	俄罗斯喀山	奥地利、俄罗斯	—	瑞士
特别赛（2022）	瑞士阿劳	中国	瑞士	德国

表 2-3　世界技能大赛印刷媒体技术项目奖牌统计

参赛国家和地区	参加届数	金牌	银牌	铜牌	奖牌合计
瑞士	9	2	2	3	7
德国	9	0	2	2	4
法国	8	2	0	1	3
中国	5	1	1	1	3
日本	8	2	0	0	2
巴西	4	2	0	0	2
比利时	7	1	0	1	2
奥地利	4	1	0	0	1
俄罗斯	2	1	0	0	1
芬兰	8	0	1	0	1
加拿大	3	0	0	1	1
新西兰	2	0	0	1	1
丹麦	5	0	0	0	0

（续表）

参赛国家和地区	参加届数	金牌	银牌	铜牌	奖牌合计
美国	5	0	0	0	0
瑞典	4	0	0	0	0
中国香港	4	0	0	0	0
荷兰	3	0	0	0	0
爱沙尼亚	2	0	0	0	0
挪威	2	0	0	0	0
印度	2	0	0	0	0
哥伦比亚	1	0	0	0	0
哈萨克斯坦	1	0	0	0	0
合计	—	12	6	10	28

第二节　印刷媒体技术项目中国选手获奖情况

一、第42届世界技能大赛

2013 年 7 月 2 日至 7 日，第 42 届世界技能大赛在德国莱比锡举行。上海出版印刷高等专科学校选手王东东首次代表中国参加印刷媒体技术项目比赛（图 2-2），与其他来自瑞士等 12 个国家的选手同场竞技。经过 4 天共 11 项工作的比拼，王东东以总成绩第三名获得铜牌（图 2-3），填补了我国在世界技能大赛印刷媒体技术项目上的奖牌空白。第 42 届世界技能大赛印刷媒体技术项目获奖情况如表 2-4 所示。

图 2-2　王东东在第 42 届世界技能大赛印刷媒体技术项目比赛中

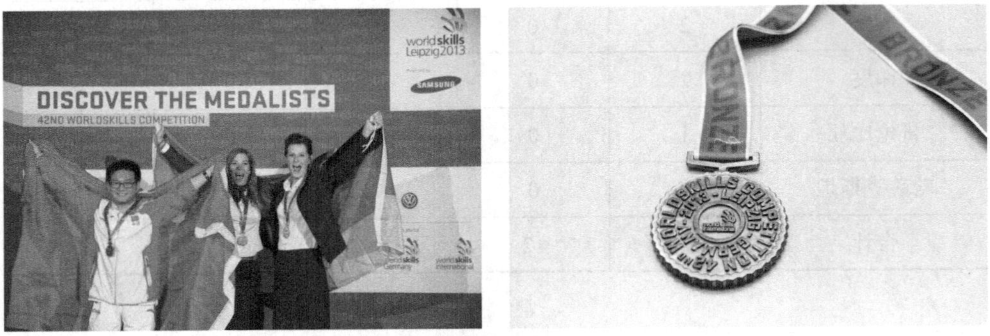

图 2-3　王东东获得第 42 届世界技能大赛印刷媒体技术项目铜牌

表 2-4　第 42 届世界技能大赛印刷媒体技术项目获奖情况

选手姓名	参赛国家和地区	获奖
Andrea Selina Schmidheiny	瑞士	金牌
Elena Singer	德国	银牌
Dongdong Wang（王东东）	中国	铜牌
Pasi Kuusikko	芬兰	优胜奖
Martin Bachmayer	奥地利	优胜奖
Marino Tanimoto	日本	优胜奖
Anthony FLUHR	法国	优胜奖
Marissa Haiter	加拿大	—
Jens Martinsen	丹麦	—
Lucas Cardoso	巴西	—
Kevin–Gregori Kubjas	爱沙尼亚	—
Guillaume–Philippe Dujacquier	比利时	—
Heather Ashe	美国	—

二、第43届世界技能大赛

2015年8月11日至16日，第43届世界技能大赛在巴西圣保罗举行。上海出版印刷高等专科学校选手张淑萍代表中国参加印刷媒体技术项目比赛（图2-4），本届比赛共有来自巴西等11个国家的选手参加。经过4天共14项工作的比拼，张淑萍以总成绩第二名获得银牌（图2-5），使我国在该项目中的成绩再上一个台阶。第43届世界技能大赛印刷媒体技术项目获奖情况如表2-5所示。

图2-4　张淑萍在第43届世界技能大赛印刷媒体技术项目比赛中

图2-5　张淑萍获得第43届世界技能大赛印刷媒体技术项目银牌

表2-5　第43届世界技能大赛印刷媒体技术项目获奖情况

选手姓名	参赛国家和地区	获奖
Victor Bernardo	巴西	金牌
Shuping Zhang（张淑萍）	中国	银牌

（续表）

选手姓名	参赛国家和地区	获奖
Mathieu PROVOST	法国	铜牌
Niklas Rusch	奥地利	优胜奖
Samuel Bucher	瑞士	—
Julien Darmont	比利时	—
Kota Hori	日本	—
Kevin Köhn	德国	—
Nick Dolleris Seeger	丹麦	—
Oskar Hänninen	芬兰	—
Alexandra Sanchéz Ospina	哥伦比亚	—

三、第45届世界技能大赛

2019 年 8 月 22 日至 27 日，第 45 届世界技能大赛在俄罗斯喀山举行。上海出版印刷高等专科学校选手张在杰代表中国参加印刷媒体技术项目比赛，本届比赛共有来自俄罗斯等 15 个国家和地区的选手参加，参赛选手数量达到了该项目建立以来的历史之最。经过 4 天共 21 项工作的比拼，张在杰以总成绩第四名获得优胜奖（图 2-6）。第 45 届世界技能大赛印刷媒体技术项目获奖情况如表 2-6 所示。

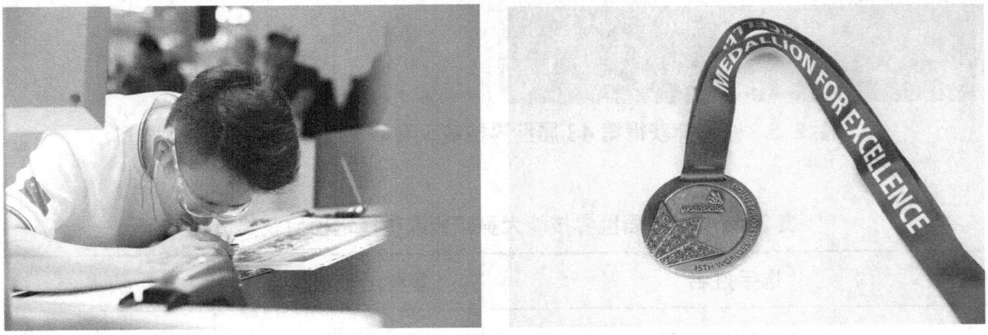

图 2-6　张在杰获得第 45 届世界技能大赛印刷媒体技术项目优胜奖

表 2-6　第 45 届世界技能大赛印刷媒体技术项目获奖情况

选手姓名	参赛国家和地区	获奖
Christof Babinger, Elizaveta Stepanova	奥地利、俄罗斯	金牌
Dario Colucci	瑞士	铜牌
Zaijie Zhang（张在杰）	中国	优胜奖
Thomas BESSON	法国	优胜奖
Ryuya Yuji	日本	优胜奖
Andressa Souza	巴西	优胜奖
Jessica Sturm	德国	优胜奖
Brittany Whitestone	美国	—
Chun Leung Lai	中国香港	—
Shrenik Jitendra Gugale	印度	—
Igor Yegorov	哈萨克斯坦	—
Katariina Komulainen	芬兰	—
Clément Dernoncourt	比利时	—
Jelizaveta Tšuvpilo	爱沙尼亚	—

四、2022年世界技能大赛特别赛

2022 年 10 月 12 日至 15 日，世界技能大赛特别赛印刷媒体技术项目比赛在瑞士阿劳举行。上海出版印刷高等专科学校选手顾俊杰代表中国第五次站上世界技能大赛赛场（图 2-7），共有来自瑞士等 7 个国家和地区的选手参赛。经过 3 天共 21 项工作的比拼，顾俊杰以领先第二名 30 分（700 分制）的绝对优势获得金牌，圆了中国印刷人的“世界冠军梦”（图 2-8）。2022 年世界技能大赛特别赛印刷媒体技术项目获奖情况如表 2-7 所示。

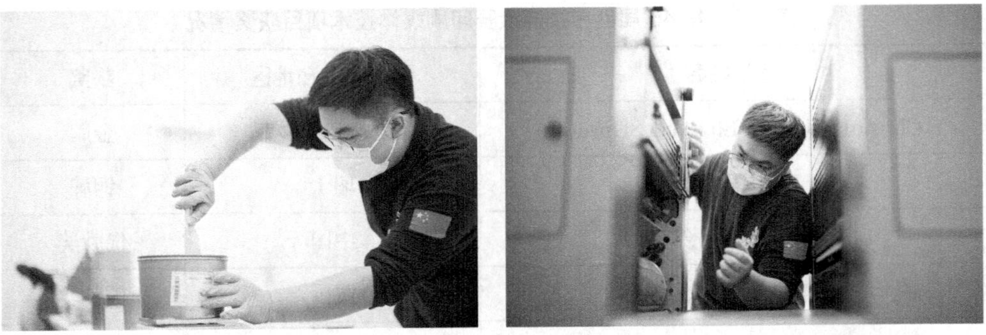

图 2-7　顾俊杰在 2022 年世界技能大赛特别赛印刷媒体技术项目比赛中

图 2-8　顾俊杰获得 2022 年世界技能大赛特别赛印刷媒体技术项目金牌

表 2-7　2022 年世界技能大赛特别赛印刷媒体技术项目获奖情况

姓名	参赛国家和地区	获奖
Junjie Gu（顾俊杰）	中国	金牌
Nina Manser	瑞士	银牌
Hendrik den Ouden	德国	铜牌
Hikaru Kaida	日本	优胜奖
Louis LEICHTNAM	法国	—
Swagat Choudhury	印度	—
Noora Kekkonen	芬兰	—

第三节　印刷媒体技术项目的技术要求

一、印刷媒体技术项目简介

2022年世界技能大赛特别赛印刷媒体技术项目的《技术描述》（*Technical Description*，TD）文件中对该项目的简介如下。

印刷媒体技术人员的工作涉及印刷过程的各方面，从最初的计划和准备，到印刷、检查印刷质量，再到印刷结束后的清洁。这项工作通常是使用印刷材料为一系列客户生产大量印刷产品。具体来说，印刷媒体技术是指使用单张纸胶印机和印刷材料及其他设备来进行商业或包装产品的印刷及印后加工。该工作还包括印刷操作过程中的印刷材料制备。

印刷媒体技术人员通常就职于印刷或出版行业，并会使用复杂的专用设备。印刷媒体技术人员对设备及材料的熟练掌握是生产高质量产品、符合节约成本且高效生产规则的关键。

印刷媒体技术人员需要深入了解如油墨、纸张、设备等印刷要素的处理、故障排除和维护保养情况。通常来说，生产印刷产品会使用到传统的油墨传递至纸张的工艺，但是随着技术的发展，使用数字印刷技术进行短版及可变数据生产越来越常见。

印刷媒体技术人员还需要根据客户指定的专色进行油墨调配，根据客户指定的规格操作裁切设备进行裁切，并操作折页机等印后加工设备。同样还要使用密度仪、分光光度仪进行质量判断及调整。

二、印刷媒体技术项目的技术要求

世界技能大赛的总体技术要求以《技术描述》文件予以规定，初稿通常在赛前一年于世界技能大赛官方网站上（www.worldskills.org）进行发布，随后会根据当届比赛场地、基础设施设备等情况不断进行修订。第45届世界技能大赛及2022年世界技能大赛特别赛印刷媒体技术项目的《技术描述》文件如图2-9所示。

图2-9　第45届世界技能大赛（左）、2022年世界技能大赛特别赛（右）印刷媒体技术项目的《技术描述》文件

《技术描述》文件一般包含12项内容，分别对本项目的知识技能要求、评分策略方法、试题开发流程等内容进行概述，其中“世界技能职业标准”（The WorldSkills Occupational Standards，WSOS）是对本届比赛选手需具备的核心知识、技能的描述，是其备赛训练的重要参考依据。

2022年世界技能大赛特别赛印刷媒体技术项目《技术描述》文件内容结构如下。

①简介

②世界技能职业标准（WSOS）

③评分策略和规范

④评分方案

⑤测试项目

⑥技能管理和沟通

⑦技能特定安全要求

⑧材料和设备

⑨技能特定规定

⑩观众和媒体参与

⑪ 可持续发展

⑫ 行业资讯参考

在已举办的9届世界技能大赛印刷媒体技术项目比赛中，每届对参赛选手的技术要求不同，选手应具备的技能要时刻跟随行业发展趋势而不断变更、扩充、提升。例如，在第42届世界技能大赛中，该项目名称由“胶印”变更为“印刷媒体技术”，《技术描述》文件的内容就由之前的胶印相关技能扩充为更加综合的技能体系。事实上，在第41届比赛中，由于数字印刷技术的不断发展，数字印刷就作为新模块出现在之后的每届比赛中，且在2022年世界技能大赛特别赛的《技术描述》文件中新增了大幅面喷绘、色彩管理等内容。2022年世界技能大赛特别赛印刷媒体技术项目《技术描述》文件中的“世界技能职业标准”如表2-8所示。

表2-8　2022年世界技能大赛特别赛印刷媒体技术项目《技术描述》文件中的“世界技能职业标准”

	部分	相关重要性（%）
1	工作组织和管理	10
	选手需知道和了解以下内容。 • 制备印刷材料、生产印刷产品所使用的设备类型。 • 用于印刷的新技术。 • 工作区域内，健康安全规则所涉及的现行法规及最佳实践方法，特别是专业设备和印刷要素方面。 • 保护设备和材料的使用。 • 保持工作环境整洁、有序的重要性。	

（续表）

	部分	相关重要性（%）
	• 印刷业中化学用品的使用及废料处理。 • 有效的沟通技巧及团队合作的重要性。 • 掌握国际标准，如 ISO、GRACoL 和 Pantone。 • 对工作计划或工程技术的要求，以最大限度地提高印刷产品生产的质量和效率	
	选手必须能够做到以下几点。 • 根据制造商的说明正确操作所有设备。 • 在工作区域内持续应用并提倡健康安全生产，特别是专业设备和印刷工艺要素方面	
	有效使用保护设备和材料。 • 保持工作环境清洁、有序。 • 按照说明安全使用化学用品和危险材料。 • 安全处置废料，始终维护安全且可持续的环境。 • 选择适合任务计划的设备。 • 使用、处理、存储和维护保养印刷要素，如油墨、纸张、机械和数字设备。 • 保持持续的专业发展，以跟上印刷行业的新技术和新趋势。 • 明确适合数字印刷的文件（预飞）。 • 确保质量，检查各项工作，以验证和调整印刷品的质量细节，从而确保其符合客户的要求和高标准。 • 在工作区内与团队成员和其他同事有效沟通，维持良好、高效的工作环境。 • 探讨客户需求，就所采用的印刷技术的可能性和局限性给予专家建议和指导。 • 工作中尽量避免不必要的浪费。 • 认识到机会并采取行动改善生产计划，以提高印刷生产的效率和质量	
2	计划和准备	20
	选手需知道和了解以下内容。 • 胶印、基于墨粉和喷墨数字印刷材料的特点。 • 纸张、油墨、润版液、墨粉和打样材料的特点、用途及相互作用关系。 • 完成印刷工作所需的合适化学品。 • 色彩理论。 • 如何阅读、领会和分析客户说明	

（续表）

	部分	相关重要性（%）
	选手必须能够做到以下几点。 • 简要阅读、领会和解释印刷工作说明。 • 向同事解释说明计划的内容，并为自己和他人制订工作计划。 • 根据客户的需求调配油墨颜色。 • 根据工作计划选择和准备合适的印刷设备。 • 设置设备，包括准确的成品数量、纸张尺寸、颜色、质量等。 • 无论使用或不使用远程控制台，对多色单张纸胶印机进行预印操作和调整。 • 根据工作计划选择和准备合适的印刷要素，如纸张、油墨等。 • 预印和生产期间，解释印张上的印色。 • 将印色的解读转化为合适的印刷操作。 • 使用数字印刷机 RIP 软件来进行文件设置操作，如检查 / 创建、拼版、色彩管理，使用可变数据印刷以及设置自动化工作流程。 • 利用 RIP 软件将印刷生产与在线或离线设备的印后生产连接起来。 • 装纸和注墨。 • 调整飞达、输纸和收纸装置。 • 安装印版。 • 调整胶印压力。 • 调配所需油墨。 • 调整套准机构	
3	印刷	20
	选手需知道和了解以下内容。 • 印刷机的不同类型、使用方法和特点。 • 支持印刷工作流程的发展技术	
	选手必须能够做到以下几点。 • 根据质量和技术规则、工业标准和客户需求，在单张纸胶印机上印刷指定数量的印刷品。 • 操作半自动装版或全自动装版印刷机。 • 使用可变数据软件进行数字印刷。 • 使用数字印刷机的在线维保功能。 • 利用喷墨印刷机交付高质量的大幅面印刷产品	

（续表）

	部分	相关重要性（%）
4	质量控制、调整、故障排除	40
	选手需知道和了解以下内容。 • 印刷过程中使用的不同类型的专业测量设备。 • 如何解读测量结果。 • 确保高质量印刷工作以及符合客户需求和期望的重要性。 • 单张纸胶印机模拟系统运行费用和虚拟时间报告功能。 • 机械或设备故障对质量、时间和金钱损失的影响。 • 印刷设备的日常维护。 • 遵守制造商说明的重要性	
	选手必须能够做到以下几点。 • 监控印刷过程，确保工作达到预期标准。 • 为保证质量，纠正与规范的差异而进行的设置调整和编程。 • 操作测量和质量控制设备。 • 使用不同的测量设备，如密度仪、分光光度仪、千分尺、游标卡尺、pH 值测试仪、导电率测试仪等。 • 制作 OK 样张供客户确认和批准。 • 印刷过程中保存个别印张，以确保与原样张质量一致。 • 将印刷样张与指定的目标进行比较，并进行必要的调整。 • 按指定密度和 / 或 Lab 值完成印刷工作。 • 保持正确的颜色套准。 • 解决单张纸胶印机模拟系统出现的问题。 • 对胶印机和印后加工设备执行保养和基础维修。 • 解决飞达问题。 • 识别特定打印输出的 ICC 颜色配置文件。 • 比较不同的印刷品以识别正确的网点增大、印刷相对反差和叠印率	
5	印后加工	5
	选手需知道和了解以下内容。 • 可能会应用于完成印刷工作的各工序，如折页、裁切和装订。	
	选手必须能够做到以下几点。 • 制订裁切方案。 • 通过切纸机将印刷品裁切至指定尺寸。 • 编写并使用可编程的切纸机将纸张裁切到指定尺寸。 • 使用数字印刷连线骑马订书机或无线胶装机完成印刷品的装订。 • 操作离线折页设备。 • 操作在线或离线大幅面喷墨后道设备	

（续表）

	部分	相关重要性（%）
6	清洁	5
	选手需知道和了解以下内容。 • 在整洁、有序的环境中工作的优势。	
	选手必须能够做到以下几点。 • 在完成胶印、数字印刷和印后加工后清洁设备和场地。 • 在规定的时间内高效及有效地完成清洁工作。 • 确保清洁达到公认标准。 • 将印刷设备调整状态归零	
	合计	100

三、世界技能大赛技能要求与我国现行国家标准的区别

从 2022 年世界技能大赛特别赛印刷媒体技术项目的“世界技能职业标准”来看，其对印刷媒体技术人员的技能要求与我国现行的印刷行业国家职业技能标准（2019 版）有较大的区别。

我国职业技能标准将印刷技术人员分为印前处理和制作员、印刷操作员、印后制作员 3 种职业类别，共包含 14 个具体工种（见表 2-9），目前我国各级别行业技能大赛也是按职业工种进行举办，如由国家新闻出版署、人力资源和社会保障部主办的“第 7 届全国印刷行业职业技能大赛”设立了印前处理和制作员（平版制版员）、印刷操作员（数字印刷员）、印后制作员（装订工）3 个职业工种赛项。

表 2-9　我国印刷行业国家职业技能标准（2019 版）

职业名称	职业编码	工种名称
印前处理和制作员	6-08-01-01	平版制版员、柔性版制版员、凹版制版员、网版制版员
印刷操作员	6-08-01-02	平版印刷员、柔性版印刷员、凹版印刷员、网版印刷员、商业票据印刷员、数字印刷员
印后制作员	6-08-01-03	装订工、裁切工、印品整饰工、印后成型工

从职业来看，世界技能大赛印刷媒体技术项目是将我国职业技能标准的 3 种职业类别进行了融合，从具体工种来看，该项目涉及平版制版员、平版印刷员、数字印刷员、装订工、裁切工 5 个工种的技能范畴，因此世界技能大赛印刷媒体技术项目是对参赛人员印刷综合技能的比拼，可谓世界“印刷技能全才”的相互较量。

四、印刷媒体技术项目的竞赛管理团队

（一）技能管理团队

技能管理团队（Skill Management Team）为本项目的核心技术管理人员，包括技能竞赛经理、首席专家、副首席专家。

1. 技能竞赛经理

印刷媒体技术项目于 2017 年第 44 届世界技能大赛期间正式设立技能竞赛经理（Skill Competition Manager，SCM），其是项目内的最高技术管理者，从赛前 21 个月至赛后 1 个月期间，负责管理、指导和领导比赛项目的开发与实施。具体负责《技术描述》《测试项目》《评分方案》等文件的编写，提出项目所需的《基础设施设备列表》，比赛期间负责项目内的技术问题解答、协调、裁决等工作。技能竞赛经理由世界技能组织直接任命。

2. 首席专家和副首席专家

首席专家（Chief Expert，CE）是对项目进行管理、指导和领导的专家，负责比赛准备、运行等，确保比赛相关规则、程序和实践方法得到遵守。首席专家具体负责比赛执裁方法的拟定，比赛轮转表的编写，专家执裁工位的安排，比赛现场专家、选手的管理等工作。首席专家由所有参赛国家和地区的专家在当届比赛结束后一天投票选举产生。

副首席专家（Deputy Chief Expert，DCE）是协助首席专家完成各项工作的专家。其产生方法与首席专家相同。

（二）其他人员

1. 专家

专家（Expert，E）是各参赛国家和地区组织参与项目的专家，负责比赛前参与相关技术讨论，比赛期间根据首席专家安排进行执裁等工作。专家由参赛国家和地区上报，并通过世界技能组织的“准入培训”和相关测试，经世界技能组织批准后产生。每个参赛国家和地区只可有一名专家参与当届比赛相关工作。

2. 翻译

翻译（Interpreter，I）是由参赛国家和地区选派，负责在比赛准备讨论和比赛期间为非英语国家的专家、选手提供翻译的人员。2017 年第 44 届世界技能大赛期间，世界技能组织正式推出“翻译计划”，非英语国家和地区派出的翻译在赛前由世界技能组织进行项目随机安排，即原本项目的翻译交换至其他项目负责比赛期间的翻译工作，本项目的翻译工作也由其他项目交换后的新翻译负责。

3. 场地经理和场地经理助理

场地经理（Workshop Manager，WM）负责比赛前对比赛场地进行布置，对所有装置、仪器、设备进行安装、调试，对各种耗材进行准备，比赛期间带领场地内的技术人员维护设备稳定，在场人员的健康、安全，以及公共环境，比赛后将所有设备、仪器进行拆解、运输等。场地经理一般由比赛的主办国家和地区选派。

场地经理助理（Workshop Manager Assistant，WMA）是负责协助场地经理完成各项工作的人员。

4. 技术人员

技术人员是保障比赛装置、设备的前期安装和调试，比赛期间的正常运行，比赛后拆解的具体操作人员，一般由比赛设备赞助商的资深工程师组成。印刷媒体技术项目通常每台设备会配备一位技术人员。

第 44 届世界技能大赛印刷媒体技术项目选手、专家、翻译、技术人员的合影如图 2-10 所示。

图 2-10 第 44 届世界技能大赛印刷媒体技术项目选手、专家、翻译、技术人员合影

第四节 印刷媒体技术项目的比赛内容

一、《测试项目》文件

世界技能大赛印刷媒体技术项目的比赛内容（即比赛试题）以《测试项目》（*Test Project*，TP）文件形式供选手使用。

（一）《测试项目》文件的编写规则

《测试项目》文件相关编写原则在世界技能大赛《竞赛规则》中规定如下。

①世界技能大赛《测试项目》规定内容完成时间不能超过 4 天，选手工作总时间应在 15 ～ 22 小时。

②《测试项目》编写时应尽量减少对空间、基础设施和资源的需求。

③《测试项目》编写时必须使用《基础设施设备列表》中列出的材料和设备或在比赛准备周最终确定的可由选手自行携带的材料和设备。

④《测试项目》由专家投票或赛前随机抽签决定。《技术描述》应对这一过程进行规定。若《测试项目》是外部开发的，则专家不参与选择过程。

⑤提前下发《测试项目》文件的项目，需在比赛前在设备范围内对《测试项目》进行不低于 30% 的更改。

以上是 2024 年发布的《竞赛规则》10.1 版本中关于《测试项目》文件编写的部分规定。

（二）印刷媒体技术项目的《测试项目》文件

印刷媒体技术项目的《测试项目》文件在第 44 届世界技能大赛之前是由内部开发编制，即所有参赛国家的专家借助世界技能大赛论坛等形式进行讨论，由项目首席专家负责编制初稿，赛前三天由所有专家现场讨论进行修订后方可用于比赛。

从第 44 届世界技能大赛起，印刷媒体技术项目正式引入技能竞赛经理（SCM），全面负责比赛中的各项技术工作。《测试项目》文件也相应转为外部开发，整个开发过程各国家和地区的专家不再参与，因此文件在赛前处于保密状态，无须进行更改，直接在比赛当天使用。

第 44、第 45 届世界技能大赛印刷媒体技术项目的《测试项目》文件如图 2-11 所示。

图 2-11　第 44（左）、第 45（右）届世界技能大赛印刷媒体技术项目的《测试项目》文件

二、印刷媒体技术项目的比赛内容

分析9届世界技能大赛印刷媒体技术项目的比赛内容，可以较清晰地将比赛内容演变分为探索、稳定和升级三个阶段。

（一）探索阶段（第38～40届）（表2-10～表2-12）

表2-10　第38届世界技能大赛印刷媒体技术项目的比赛内容

模块	模块名称	工作内容		工作时间
A	印刷	手册		6时
		明信片		5时
		海报		3时
B	附加任务	网点测量		1时
		密度测量		1时
工作数量合计		5个	工作时间合计	16时

表2-11　第39届世界技能大赛印刷媒体技术项目的比赛内容

模块	模块名称	工作内容		工作时间
A	印刷	日历		2时30分
		明信片		3时30分
		海报		2时
B	附加任务	密度测量		1时30分
		色彩测量		30分
		网点测量		1时
		调墨		2时
		白纸裁切		1时
		裁切		2时
工作数量合计		9个	工作时间合计	16时

表 2-12　第 40 届世界技能大赛印刷媒体技术项目的比赛内容

模块	模块名称	内容		工作时间
A	印刷	海报		4 时
B	附加任务	印刷模拟 1		1 时
		印刷模拟 2		1 时 30 分
		印刷模拟 3		3 时
工作数量合计		4 个	工作时间合计	9 时 30 分

通过表 2-10 ～表 2-12 可以看出，第 38 ～ 40 届世界技能大赛印刷媒体技术项目，除比赛模块保持两个未变以外，比赛内容、总工作时长均有较大的变动，比赛核心内容主要涉及印刷材料准备（油墨、纸张）、产品印刷质量（密度、色彩、网点）、印后加工（裁切）和故障排除（印刷模拟）等方面。

通过 3 届比赛的不断探索，印刷媒体技术项目的 A、B 两个模块的内容侧重点基本清晰，其中模块 A 主要针对产品印刷及质量控制过程，模块 B 则是印刷上、下游相关辅助工作的集合，比赛对参赛者须具备印刷综合技能的要求得到充分体现。

（二）稳定阶段（第 41 ～ 43 届）（表 2-13 ～表 2-15）

表 2-13　第 41 届世界技能大赛印刷媒体技术项目的比赛内容

模块	模块名称	工作内容	工作时间
A	胶印	海报 1	2 时
		海报 2	2 时
		调墨	30 分
B	数字印刷	证书	30 分
		裁切	30 分
		数字印刷双面	1 时

（续表）

模块	模块名称	工作内容		工作时间
C	印刷模拟	印刷模拟 1		2 时
		印刷模拟 2		2 时
		印刷模拟 3		2 时
D	维护保养	维护保养 1		1 时
		维护保养 2		30 分
工作数量合计		11 个	工作时间合计	14 时

表 2-14　第 42 届世界技能大赛印刷媒体技术项目的比赛内容

模块	模块名称	工作内容		工作时间
A	胶印	海报 1		1 时 45 分
		海报 2		1 时 45 分
B	数字印刷	小册子		1 时
		明信片		1 时
C	维护保养	维护保养		45 分
D	附加任务	调墨		30 分
		专色印刷		1 时
		裁切		1 时 30 分
		印刷模拟 1		2 时
		印刷模拟 2		2 时
		印刷模拟 3		2 时
工作数量合计		11 个	工作时间合计	15 时 15 分

表 2-15　第 43 届世界技能大赛印刷媒体技术项目的比赛内容

模块	模块名称	工作内容		工作时间
A	胶印	海报		2 时
		感谢卡		2 时
B	数字印刷	小册子 1		1 时
		小册子 2		1 时
		奖状		1 时
C	维护保养	维护保养		1 时
		印刷弊病鉴别		30 分
D	附加任务	调墨		1 时
		专色印刷		1 时
		裁切 1		30 分
		裁切 2		30 分
		裁切 3		30 分
		印刷模拟		1 时
		海报		2 时
工作数量合计		14 个	工作时间合计	15 时

经过第 41 届至第 43 届世界技能大赛的不断发展完善，特别是在第 42 届以后，印刷媒体技术项目的比赛内容进入了稳定阶段，相对探索阶段主要呈现以下几方面的新特点。

一是比赛项目名称得以固化。如前所述，项目名称在历经“印刷”和“胶印”后，于 2013 年第 42 届世界技能大赛更改为“印刷媒体技术”并沿用至今。项目名称的变更反映出比赛内容在随着产业发展而不断调整，项目名称固化后，比赛涉及的职业内容基本稳定。

二是比赛内容四模块构架形成。第 41 届世界技能大赛印刷媒体技术项目的比赛模块首次由原本的两个扩充为四个，并持续了三届。这一变化对项目比赛内容的属性进行了较为清晰的划分，要求选手具备胶印和数字印刷的产品生产、设备维护保养、胶印和数字印刷相关辅助工作的核心技能。

三是比赛总工作时间趋于稳定。世界技能大赛《竞赛规则》规定，选手工作总时间应在 15 ～ 22 小时，经过第 38 ～ 40 届的探索，印刷媒体技术《测试项目》的工作时间在第 41 届开始基本稳定在 15 小时左右，除 2022 年世界技能大赛特别赛以外再无显著变化。

（三）升级阶段（第 44 届至今）（表 2-16 ～表 2-18）

表 2-16　第 44 届世界技能大赛印刷媒体技术项目的比赛内容

模块	模块名称	工作内容	工作时间
A	胶印	明信片	2 时
		盒子	1 时 15 分
B	数字印刷	席卡	1 时
		小册子 1	1 时
		小册子 2	1 时
C	附加任务	维护保养	1 时
		印刷弊病鉴别	30 分
		调墨 1	1 时
		调墨 2	30 分
		专色印刷	1 时
		裁切 1	30 分
		裁切 2	30 分
		裁切 3	30 分
		裁切 4	30 分
		印刷模拟 1	1 时
		印刷模拟 2	45 分
		印刷模拟 3	1 时
工作数量合计	17 个	工作时间合计	15 时

表 2-17 第 45 届世界技能大赛印刷媒体技术项目的比赛内容

模块	模块名称	工作内容		工作时间
A	胶印	输纸		50 分
		套准		50 分
		海报		2 时
B	数字印刷	预飞和数字图像编辑		20 分
		拼版和数字文件印刷		30 分
		预飞		20 分
		工业流程和数字文件印刷		30 分
		预飞		20 分
		色彩更正和数字文件印刷		30 分
		预飞		20 分
		日历数字印刷		30 分
C	附加任务	调墨		40 分
		故障排除 + 专色印刷		2 时
		裁切 1		20 分
		裁切 2		20 分
		裁切 3		20 分
		裁切 4		20 分
		印刷模拟 1		1 时
		印刷模拟 2		1 时
		印刷模拟 3		1 时
		印刷模拟 4		1 时
工作数量合计		21 个	工作时间合计	15 时

表 2-18　2022 年世界技能大赛特别赛印刷媒体技术项目的比赛内容

模块	模块名称	工作内容		工作时间
A		四色印刷操作		1 时
		飞达收纸设置		1 时
	胶印	四色印刷		1 时
B	数字印刷	预飞和数字图像编辑		1 时
		数字文件拼版		1 时
		预飞		1 时
		工业流程设计和墨粉数字印刷		1 时
		宣传册		1 时
		VDP 文件数字印刷		1 时
		大幅面数字印刷 1		1 时
		大幅面数字印刷 2		1 时
		大幅面数字印刷 3		1 时
C	附加任务	调墨 1		1 时
		调墨 2		1 时
		调墨 3		1 时
		印刷弊病鉴别		1 时
		裁切		1 时
		工程工作		1 时
		印刷模拟 1		1 时
		印刷模拟 2		1 时
		印刷模拟 3		1 时
工作数量合计		21 个	工作时间合计	21 时

从第 44 届世界技能大赛开始，印刷媒体技术项目在原有基础上进行了不断的升级。

一是模块重组升级。比赛模块中去除了维护保养，白四模块变更为三模块，但是通过具体分析发现，并不是设备维护保养不再作为比赛内容，而是其以原有形式或印刷机故障排除形式合并进入了附加任务模块。通过本次模块升级，各模块的内容及分界更加清晰，其中胶印、数字印刷模块专注于产品印刷过程及质量控制，和印刷相关的前、后端辅助工作全部划入附加任务模块。

二是工作内容升级。主要体现在数字印刷模块，从第45届世界技能大赛开始，数字印刷模块的工作时间、工作数量和难度显著提升，在2022年世界技能大赛特别赛中更是首次出现了喷墨数字印刷，这是世界技能大赛对印刷行业发展趋势的体现。

第三章

印刷媒体技术项目的技术分析

如第二章所述，从第 42 届世界技能大赛开始，印刷媒体技术项目的比赛模块、比赛内容、比赛时长等均趋于稳定，我国也是从第 42 届世界技能大赛开始首次参加该项目比赛，因此以下对印刷媒体技术项目的所有技术分析将以第 42 届世界技能大赛为起点。

第一节　胶印

一、胶印模块分析

（一）模块占比

从表 3-1 可知，从第 42 届至 2022 年特别赛，胶印是印刷媒体技术项目中总分占比最大的模块，这充分反映了本项目是从胶印发展而来的历史，也与当下行业的发展现状吻合。从第 45 届世界技能大赛开始，数字印刷模块比重的显著提升致使胶印模块的比重下降，但其 40% 的占比依旧在本项目中最高。

表 3-1　世界技能大赛印刷媒体技术项目中胶印模块的占比

届别（年份）	胶印模块总分占比 /%
第 42 届（2013）	60.0
第 43 届（2015）	58.5
第 44 届（2017）	60.0
第 45 届（2019）	40.0
特别赛（2022）	39.0

事实上，胶印模块的占比远高于表 3-1 中列出的比例，如第 42、第 43、第 44、第 45 届比赛的附加任务模块中的“专色印刷”也属于胶印，第 43 届比赛的附加任务模块中的“海报”也属于胶印，但都未划入胶印模块，由此可见胶印技能在印刷媒体技术项目中的核心地位。

（二）工作数量和时长

从表 3-2 可知，在近 5 届世界技能大赛印刷媒体技术项目的比赛中，胶印模块的工作数量和总工作时长未出现大幅度变化，这也反映了胶印模块是该项目比赛中最成熟且稳定的模块。

表 3-2　世界技能大赛印刷媒体技术项目中胶印模块的工作数量和时长

届别（年份）	胶印模块的工作数量	胶印模块的总工作时长
第 42 届（2013）	2	3 时 30 分
第 43 届（2015）	2	4 时
第 44 届（2017）	2	3 时 15 分
第 45 届（2019）	3	3 时 40 分
特别赛（2022）	3	3 时

二、胶印模块的技术能力要求

（一）工作类型

从产品形式看，在近 5 届世界技能大赛印刷媒体技术项目比赛中，胶印模块共进行产品完整印刷 9 次，其中 6 次为海报、2 次卡片、1 次包装，只有卡片类产品为双面印刷，其他均为单面印刷。除产品完整印刷，第 45 届比赛中还首次出现了输纸调节、四色套准，2022 年世界技能大赛特别赛中出现了高速印刷（水墨量已设置好）等工作，这些工作类型均是从完整胶印生产流程中拆出部分片段进行单独考核，对选手的操作基本功提出了更高的要求，如表 3-3 所示。

表 3-3　世界技能大赛印刷媒体技术项目中胶印模块的工作类型

届别（年份）	工作内容	工作类型
第 42 届（2013）	海报 1	单面四色海报
	海报 2	单面四色海报

（续表）

届别（年份）	工作内容	工作类型
第 43 届（2015）	海报	单面四色海报
	感谢卡	正面四色反面单色卡片
第 44 届（2017）	明信片	双面四色明信片
	盒子	单面四色包装盒
第 45 届（2019）	输纸	输纸调节（无须印刷）
	套准	四色套准
	海报	单面四色海报
特别赛（2022）	四色印刷操作	单面四色海报
	飞达收纸设置	高速印刷单面四色海报
	四色印刷	故障排除 + 单面四色海报

第 43、第 44 届世界技能大赛印刷媒体技术项目胶印模块的印刷产品如图 3-1 所示，2022 年世界技能大赛特别赛印刷媒体技术项目胶印模块的印刷产品如图 3-2 所示。

图 3-1　第 43（海报，左）、第 44（明信片，右）届世界技能大赛印刷媒体技术项目胶印模块的印刷产品

图 3-2　2022 年世界技能大赛特别赛印刷媒体技术项目胶印模块的印刷产品

（二）技术能力要求

以下综合世界技能大赛印刷媒体技术项目的《技术描述》《测试项目》《评分方案》等文件内容对胶印模块的技术能力要求进行具体分析。

1. 印刷材料的处理和控制

选手需了解胶印中使用的纸张、油墨、喷粉、润版液、印版、洁版液、清洁剂等材料的性能，能够根据不同印刷的需求挑选或制备印刷材料，能在印刷过程中正确使用和控制印刷材料。第 45 届世界技能大赛印刷媒体技术项目胶印模块的部分耗材如图 3-3 所示。

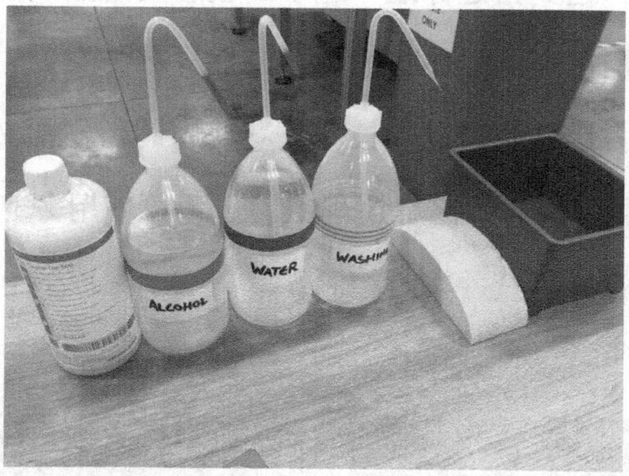

图 3-3　第 45 届世界技能大赛印刷媒体技能项目胶印模块的部分耗材

例如，第 45 届世界技能大赛印刷媒体技术项目胶印模块的“海报”工作开始后，选手首先需在 A、B 两种给定的纸张中，根据胶印特点挑选适宜的印刷纸张；其次对无测控条等其他色彩信息的胶印印版色彩进行分辨。又如，选手在装版前，需根据印版状态决定是否对印版进行清洁。以上就是考核选手对印刷材料的化学、物理性能的理解及处理能力。

2. 印刷机的印刷准备

在世界技能大赛印刷媒体技术项目胶印模块的比赛中，胶印机水墨量、纸张参数、印刷机功能，输收纸机构位置、气量，喷粉量等在每位选手比赛前均会由技术人员进行初始化，选手需根据印刷工作需求对胶印机各参数进行设置，并调试机构，直到胶印机满足正常印刷状态所需。

例如，在第 45 届世界技能大赛印刷媒体技术项目胶印模块的“输纸”工作中，将胶印机输纸调节作为一项独立工作。事实上，每位选手在开始印刷前，都需要根据不同承印材料的特点和产品质量需求快速熟练地进行印刷机设置，这是能够顺利完成胶印模块各项工作的必备步骤，也是每位选手的重要基本功之一。

3. 色彩质量控制

选手在印刷时需对水墨量进行动态调控，使产品的 CMYK 密度值（或 Lab 值）达到指定标准。选手的色彩质量控制能力是胶印模块各工作的最核心技能，在历届印刷媒体技术项目的《评分方案》中，色彩质量相关分数在胶印模块总分中占比最高。世界技能大赛使用的印刷图文，一般会在印品拖梢位置放置测控条（图 3-4），比赛过程中，选手可使用分光光度仪或印刷色彩扫描系统对印品色彩进行测量并实时控制。

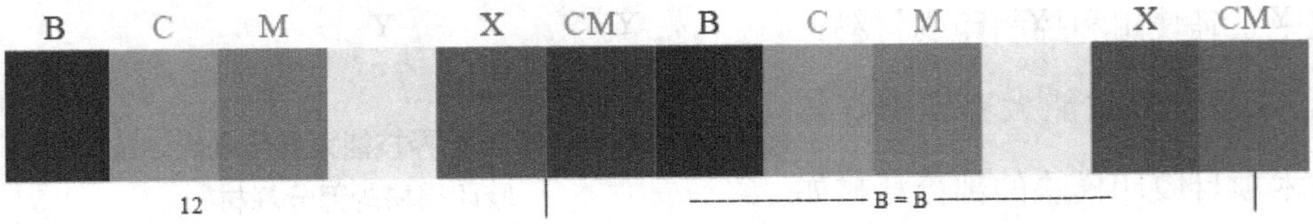

图 3-4　胶印模块的测控条部分（彩图）

例如，在第 44 届世界技能大赛印刷媒体技术项目胶印模块的“明信片”工作中，产品若达到 K 密度 1.80±0.1，C、M 密度 1.45±0.07，Y 密度 1.3±0.07，可得 100% 密度分。若产品密度超出上述范围，但达到 K 密度 1.80±0.15，C、M 密度 1.45±0.1，Y 密度 1.3±0.1，可得 33% 密度分，若此区间也未达到，则密度分为 0。

4. 色彩测量

如上所述，在胶印工作期间需对印刷色彩进行实时调控，比赛现场会提供分光光度仪或印刷色彩扫描系统对色彩进行测量，因此所有选手需具备该类仪器的正确设置和规范测量能力，以控制印品色彩质量达标。

例如，第 43 届世界技能大赛印刷媒体技术项目提供 x-rite eXact 分光光度仪，第 44 届世界技能大赛印刷媒体技术项目提供 x-rite Intellitrax 印刷色彩扫描系统，第 45 届世界技能大赛印刷媒体技术项目提供 TECHKON SpectroDrive 印刷色彩扫描系统供选手胶印工作期间使用。

5. 套准

选手印刷时，特别是在正式生产前需对各色图文进行套准调校，若为双面印刷品，在印制第二面时还需进行正反面图文套准调校，以在保证满足最低套准质量要求的同时力争做到最佳。

例如，在第 45 届世界技能大赛印刷媒体技术项目中将“套准”作为一项独立工作，所有选手的套准按提交样张的检测数值由小到大进行排序，套准最小者得满分，排序每向下一位，递减等额分数，这就要求选手在进行套准调校时不能只满足于达到一般行业标准，而需做到极致以获得更高的分数。

6. 表面质量

印刷时，选手需控制水墨平衡，保证印张在达到色彩要求的同时，不出现“干版”，此外还需保证印张上不出现“墨皮”“脏点”“条杠”“粘脏”“喷粉过大”等表面质量弊病。

事实上，在印刷媒体技术项目未引入评价评判方式前，该类表面质量问题因评判会存在较大的主观性，所以一直未被列入评判内容。在第 44 届世界技能大赛，印刷媒体技术项目引入评价评判后，表面质量才作为产品质量的评判内容之一。

7. OK 样的印制

OK 样的印刷是选手在胶印机上印制出符合客户各项主、客观质量要求的签样样张，得到客户批准的 OK 样是正式生产中的质量对比依据。在世界技能大赛印刷媒体技术项目比赛中，客户角色由胶印工位的执裁专家担任，从第 44 届世界技能大赛开始，专家一般按照色彩、套准、表面质量三方面来衡量选手提交的 OK 样是否满足要求。只有三方面同时满足最低标准的 OK 样才能得到专家的认可，选手可以接着进行后续正式生产，若任一方面未得到专家认可，选手需持续印制 OK 样直至得到认可为止，若在此过程中纸张或时间耗尽，则工作终止。

（1）OK 样的色彩要求

例如，在 2022 年世界技能大赛特别赛的印刷媒体技术项目中，CMYK 的密度标准为 K 密度 1.60±0.12，C、M 密度 1.30±0.09，Y 密度 1.15±0.09，四色共计 56 个检测点（每色 14 个），选手提交的 OK 样的最低色彩要求是每色必须有 8 个及 8 个以上的检测点达到密度标准。

（2）OK 样的套准要求

例如，在第 44 届世界技能大赛印刷媒体技术项目中，对选手提交的 OK 样的最低套准要求是三色套准值小于等于 0.25mm（操作面、驱动面），正反面套准值小于等于 0.5mm（双面印刷品）。

（3）OK 样的表面质量要求

例如，在第 44 届世界技能大赛印刷媒体技术项目中，选手提交的 OK 样的表面质量评价评判等级需达到 1 级或以上方可认定为达到 OK 样的最低标准，当届比赛对于 1 级的要求是在图文区域内无任何可见弊病。

历届世界技能大赛的 OK 样的最低质量要求会进行调整，选手印制的 OK 样能够一次性得到专家的认可，从而不影响整个工作节奏是胶印模块的技能重点和难点之一。

8. 印刷质量监控

选手在正式生产过程中，应对色彩、套准、表面质量等进行持续抽样监控，并在需要时快速做出调整，保证印刷品质量稳定。

例如，第 44 届世界技能大赛印刷媒体技术项目的“盒子”工作，选手在正式印刷过程中，需在印刷至第 200、第 500、第 800 张时各抽样一张交予专家进行评判，以考核印刷质量的稳定性。

9. 印品数量

选手提交的 OK 样达到质量要求，得到执裁专家认可后可印刷《测试项目》中规定数量的印刷品。胶印模块各工作对可使用的校版纸数量（可用于印刷机调节和 OK 样印刷的纸张数量）、印品数量均有限定，选手若未在规定的校版纸数量中提交达标的 OK 样张，就需使用印品数量的纸张来继续印制 OK 样，从而造成最终印品数量不足，因此此要求是与前述“OK 样的印刷”联动的技能重点和难点之一，需要选手根据产品特点合理规划、科学使用纸张，确保正式生产纸张足量。

例如，在 2022 年世界技能大赛特别赛印刷媒体技术项目的“四色印刷操作”工作中，选手共得到 1000 张纸张，其中《测试项目》规定印品数量为 500 张，则选手需使用不超过 500 张的校版纸来完成印刷机的各项参数调校并交出达标的 OK 样张，以保证印品数量达标。

10. 印刷机清洁

选手需在工作结束后对印刷机进行清洁，清洁时需严格遵守设备操作规范并做好个人安全防护。印刷机清洁时间一般包含在总工作时间内。

例如，第 45 届世界技能大赛印刷媒体技术项目的“盒子”工作，在《测试项目》文件中有如下描述：“选手必须使用自动程序清洁印刷机（印刷单元、橡皮布和压印滚筒），以安全的方式手动清洁 4 个墨辊刮刀。”又如，在 2022 年世界技能大赛特别赛印刷媒体技术项目的“四色印刷操作”工作中有如下描述：“为下一项工作清洁印刷机，清洁辊子、橡皮布、滚枕、墨辊刮刀。”

11. 工作区域清洁

选手在工作结束后，需对使用过的仪器、工具等进行清洁、归位，对工作区域内产生的废料进行处理等。完成工作区域清洁时需遵照当届世界技能大赛印刷媒体技术项目的《健康、安全、环境政策与规定》，全程做到环保、安全。工作区域清洁时间一般包含在总工作时间内。

例如，第 45 届世界技能大赛印刷媒体技术项目的“海报”工作的《评分方案》有如下描述：“在工作时间内进行设备、工作区域清洁，安全防护装备使用，废料丢弃共 1 分。0 级——未达到工业标准——超时，或废料未丢弃，或未使用安全防护装备；1 级——达到可接受的工业标准——正确使用安全防护装备，但是废料丢弃错误，或工具位置错误；2 级——达到工业标准——正确使用安全防护装备，废料丢弃 90% 正确，工具位置 90% 正确；3 级——完美达到工业标准——正确使用安全防护装备，废料丢弃 100% 正确，工具位置 100% 正确，环境整洁。”第 43 届世界技能大赛的不可回收、可回收垃圾桶如图 3-5 所示。第 45 届世界技能大赛的油墨和化学品、纸张垃圾桶如图 3-6 所示。

图 3-5　第 43 届世界技能大赛的不可回收（左）、可回收（右）垃圾桶

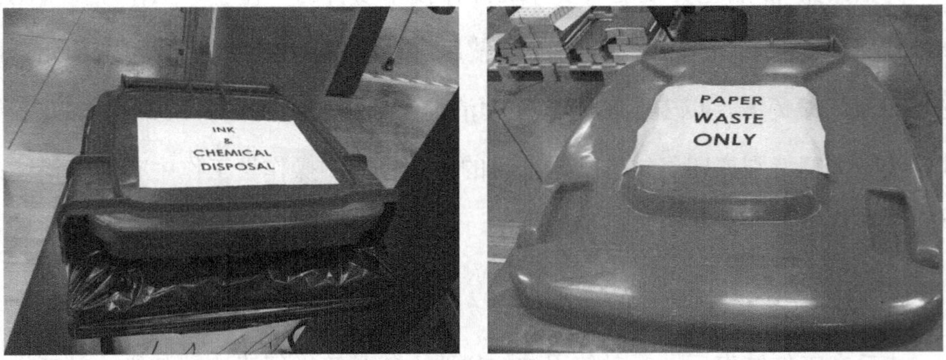

图 3-6　第 45 届世界技能大赛的油墨和化学品（左）、纸张（右）垃圾桶

12. 时间管理

选手需在《测试项目》文件的规定时间内完成全部工作，通常该时间包含印版打孔、设备状态检查、预印刷、正式生产、印刷机及工作区域清洁等时间。工作时间结束后，选手应立即停止所有操作，若在工作过程中遇到设备故障等突发情况，根据造成故障的具体原因，由该工位执裁专家决定是否补时。印刷媒体技术项目对时间管理优异者通常会给予一定分数，即在完成所有工作的前提下，工作时间越短的选手可获得越高的时间分。

例如，第 45 届世界技能大赛印刷媒体技术项目的“海报”工作的《评分方案》有如下描述：“工作完成共 1 分，最短完成者得满分，工作时长由短至长进行排序，得分递减，超过 2 小时得 0 分。”

13. 印后加工操作

世界技能大赛印刷媒体技术项目胶印模块的部分工作为连带形式，即由胶印模块印制出的产品需在附加任务模块进行印后加工。该技术能力要求在本章第三节进行介绍，此处不再展开。

三、胶印模块的典型案例

（一）单项能力

在第 45 届世界技能大赛中，首次出现了单项能力工作，即从完整的胶印生产流程中选择部分环节，以考核选手的基本功。以下以第 45 届世界技能大赛印刷媒体技术项目的“输纸”工作为例，分析该工作的技术要点。

任务 1　飞达、收纸调节（M1.1）

模块 A/ 胶印

描述

所有胶印机操作员的首要任务是确保飞达和收纸设置正确，确保没有双张、纸张损坏、飞达停止和收纸问题。

评分

将使用评价和测量评判。

工作总时间

50 分钟

任务

● 裁判示意开始后，将 1000 张 80 克 350mm×500mm 的高光纸装入海德堡印刷机的飞达。

● 调节飞达和收纸控制部件，实现输纸顺畅。

（a）遵照在 Wiesloch 培训时的海德堡工作流程。

（b）纸张在收纸堆中不应有任何损坏、脏污或缺陷。

（c）在输纸过程中，不应有飞达或收纸故障导致的输纸停（停机）。

（d）输纸速度至少为 12000 张 / 时。

（e）选手若选择以 15000 张 / 时的最高速度输纸可获得额外分数。

● 连续输纸 700 张。

● 请不要搬走印刷机上的收纸堆，也不要搬走飞达上的剩余纸张。

● 完成任务后向裁判示意。

1. 工作要点

根据《测试项目》描述，可以看出该工作为输纸调节，但与正常胶印准备工作的输纸调节还是有较大区别的。首先，从“不要搬走飞达上的剩余纸张”可以判断，本工作虽不需要印刷，但还是希望选手能够在 300 张校版纸内完成调节的流程，即完成 700 张纸的连续输送后，飞达上若还剩有纸张且未出现将收纸堆的纸张搬至飞达反复利用的情况，选手可能会根据剩余纸量得到一定的分数。其次，该工作对连续输纸速度的要求远远高于常规印刷需求。在明确了工作要求后，可以确定该工作包含两个要点，第一为连续高速输纸 700 张，第二为定速选择 12000 张 / 时或 15000 张 / 时，其中第一要点是本工作的核心。

2. 工作方法

在普通印刷生产前进行输纸调节时，选手往往采用低速输纸十几张，后续通过 OK 样的印制过程进行输纸精细化调节的方法，有些选手也采用逐步提速预飞 50 张的方法。而在该工作中，为确保高速输纸的稳定性，选手在低速调节好飞达和收纸后，一定要进行不低于 12000 张 / 时的定速预飞并进行多次精准调节，确保飞达能够连续稳定输纸 100 张以上且收纸整齐后，才可进行正式输纸，这也是该工作与常规印刷生产前输纸调节的最大不同之处。

为达到高速输纸的稳定状态，选手可能在 300 张校版纸内还未完成飞达及收纸的调节，此时选手不可急迫地开始正式输纸，而应牢牢抓住本工作需连续高速输纸 700 张的核心要求，放弃 300 张限额的分数，继续将输纸调节至满意状态为止，确保在正式输纸过程中少停机或不停机以减少失分。对于定速选择 12000 张 / 时还是 15000 张 / 时，做如下分析。因 15000 张 / 时为比赛使用印刷机——海德堡 SX52-4 的最大印刷速度，且使用的纸张为 80 克铜版纸，纸张较薄，若选用最大速度，虽能拿到额外分数，但输纸稳定性将大打折扣，会造成反复停机，严重影响选手心态，甚至会出现因多次排除卡纸，时间截止工作未完成的严重失误。在当届比赛中，所有选手均放弃使用 15000 张 / 时的速度，而是选用更加有把握的 12000 张 / 时进行工作。这种结合材料情况及设备性能对工作内容进行分析，最终做出合理的判断也是每位选手在日常训练过程中必须着重培养的能力。

本工作要求时间为 50 分钟，单看《测试项目》描述的工作内容，若选手对比赛设备的操作较为熟练，完成该工作的时间是非常充足的。事实上，在当日比赛现场，印刷机事先被技术人员设置了故障，这在《测试项目》中无任何提示信息，选手只有在正式开始工作后才会发现设备并不正常，在排除这些故障后才能够顺利完成输纸工作。在本届比赛中，印刷机被设置的故障有两个：第一个是飞达的分纸吸嘴橡胶碗被拆下，选手需根据输送纸张的厚度来选择适宜的橡胶碗并安装；第二个是印刷机的输纸状态处于间歇式，选手需将其调整为连续式。在比赛中，超过一半的选手无法进行正确的故障排除，从而导致工作未完成，究其原因主要是选手日常训练始终在设备正常条件下进行，故其不具备设备常见故障排除的技能。而这种突如其来的“隐形工作”也在世界技能大赛的赛场上屡见不鲜，这是对选手的技能全面性和综合应变性的考验。

（二）四色产品印刷

四色单面产品印刷是胶印模块最基本的工作，下面以第 44 届世界技能大赛印刷媒体技术项目胶印模块的“盒子”工作为例，分析胶印工作的技术要点。

任务 2　盒子（M1.2）

模块 A/ 胶印

描述

这是一个胶印工作。选手需打版、弯版、装版，并高质量、高效率地进行印刷机预设和套准，保留所需数量的印刷品。选手需使用自动程序清洁印刷单元（辊子、印版、橡皮布和压印滚筒）和清洁刮刀。

工作	**盒子**
印品数量	1000 张
校版纸	500 张——用于初始准备
纸张总量	1500 张
色彩	4/0 - CMYK
纸张尺寸	350mm×500mm
成品尺寸	320mm×450mm
纸张	250g/m^2 亚光
油墨	C，M，Y，K
机器（印刷机）	海德堡速霸 SX52 - 4
工作状态	样张和密度标准数值在印刷机上提供
工作总时间	1 小时 15 分钟——**不允许超时**

印刷中	选手需进行色彩和套准调节，提交一张印张给专家进行质量评判，并停止生产。直到专家认可印张为可接受的 OK 样后，选手将计数器归 0，打开计数器，上交校版纸，并使用空的收纸台板开始生产。 选手生产至第 200、第 500、第 800（±50）和最后一张印张时，抽取一张样张用于评判。立即将确定的样张交予裁判进行色彩扫描。 选手将收纸台板留在印刷机上。
印刷后	选手必须使用自动程序清洁印刷机（印刷机组、橡皮布和压印滚筒），用正确且安全的方式手动清洁 4 个刮刀。
附加知识	x-rite 技术人员将打印 1 个密度报告交给专家。

第 44 届世界技能大赛印刷媒体技术项目胶印模块的“盒子”印刷文件如图 3-7 所示。

图 3-7　第 44 届世界技能大赛印刷媒体技术项目胶印模块的“盒子”印刷文件

1. 工作要点

（1）输、收纸流畅是胶印模块各工作得以顺利进行的根本保证，若生产过程中经常停机，将对印刷产品质量产生较大影响，打乱选手的操作思路、工作节奏，严重影响选手的比赛状态。因此，选手需具有很强的各类型纸张输、收纸调节的能力，同时需要积累丰富的各类印刷输纸故障排除的经验。

（2）合理分配纸张用量，为正式生产做好铺垫是选手需具备的重要能力。每次套准、色彩调节完毕后，选手通常需根据印刷机的水墨平衡状态抽取色彩稳定的样张，因为以随意抽取的样张来进行色彩调节并不具有参考性，反而会对当下真实的色彩情况造成误导。因此，在保证印刷质量和最终印品数量的前提下，想要设计好每次色彩调节后的印刷数量及总调节次数就需要选手通过不同工作的大量练习来积累经验。

（3）选手经常出现套准调节好后就将注意力全部集中于色彩调整，忽略套准的持续性监控，从而导致提交的 OK 样张因套准不达标被驳回的情况。因此，选手在提交 OK 样张时，还需仔细确认套准和表面质量，特别是图文内部干版等较难发现的印刷弊病，待色彩、套准、表面质量三方面均有把握时，再进行提交。OK 样的一次性通过对稳定工作节奏，提升选手的比赛信心有着非常重要的作用。

（4）在正式生产中，应控制好印刷速度，通常以 7000 张 / 时至 8000 张 / 时为宜，根据《测试项目》规定抽样节点，掌握好色彩调控时机，持续对印刷色彩进行监控。交样时，同样需对套准、表面质量确认无误后再提交。此外，每次抽样时应抽取至少 3 张，取中间一张进行提交，避免表面划痕弊病。

（5）在正式生产期间，选手需时刻做好时间管理，若由于 OK 样提交较晚等因素造成工作时间明显不足，应及时调整工作方法，做好“取舍”，可采用提高印刷速度、忽略色彩稳定性、同步进行工作区域整理等方法尽量保证完成工作，防止抽不到样、印品不足和清洁未完成等连带失误出现，影响工作得分。

（6）在工作中，接触化学试剂时必须穿戴手套、防护目镜等安全装备，印刷媒体技术项目涉及安全操作的打分项一般均具有强制性，即违反安全规定，相关分数直接为 0 分，因此个人安全防护在整个工作过程中都必须时刻高度重视。在废弃物丢弃时需遵守当届世界技能大赛印刷媒体技术项目的《健康、安全、环境政策与规定》，对废弃物进行严格分类。

2. 工作方法

（1）准备工作

选手上场后可拿到该工作的《测试项目》文件，一般选手拥有不超过 5 分钟的准备时间，可实施以下工作。

①认真阅读《测试项目》文件，制定总体工作思路。

②查看工具、耗材、安全防护装备等是否齐全，记住以上物品的初始摆放位置。

③围绕胶印机查看各部件的初始位置和状态，墨斗、喷粉的存量，清洁情况等。若出现墨斗油墨、喷粉存量不足，设备清洁不到位等影响工作的情况，应第一时间示意执裁专家进行解决。需要注意的是，检查时一般不允许选手点击印刷机的控制界面和运转印刷机。

④查看提供的检测仪器的状态是否正常。

⑤所有必要检查结束后，示意执裁专家可以开始计时工作。

（2）印刷工作

①对印版进行打孔、弯版等必要准备。

②根据本工作要求，完成纸张参数、侧规选取、机组功能、喷粉等必要印刷机选项的设置，对照印版图文，进行印刷水、墨量设定。

③拆下印刷机上的原有印版，安装待印刷印版，进行印刷机预上水、墨。

④检查待印刷纸张，装纸。

⑤调节飞达和收纸，进行纸张预输，直至高速输纸稳定，收纸整齐。

⑥使用校版纸进行图文位置、套准、色彩调节，印制 OK 样张。需要注意的是，在保证 OK 样张符合比赛质量要求、印刷机达到水墨平衡的前提下，应尽可能节省校版纸。

⑦ OK 样张得到执裁专家批准后，将所有校版纸搬出并整齐放置（或将收纸台板拉出，换用新的收纸台板），计数器归零，设定印品数量为 1000 张，开始正式生产。

⑧在正式生产过程中，监控产品的套准、色彩和表面质量，并做出快速调整，根据要求分别在印刷至第200、第500、第800（±50）张时抽样，立即挑选一张样张并在空白处签上抽样节点后交给执裁专家。待1000张产品全部印刷完成后，将最后一张印品签上抽样节点后交予执裁专家。需要特别注意的是，在正式生产过程中，印刷机在停止状态时，选手不可对水、墨等参数进行调整，否则将取消下一张抽样的检测成绩。

（3）整理工作

① 1000张产品印刷完成后，对印品的定位端面进行画线标记，书写简要印品信息（如印品名称、时间、数量等）放置于产品上方。若飞达处有白纸剩余，取下余下的白纸，整齐摆放并告知执裁专家。

②使用自动程序清洁印刷机组。程序运行期间，穿戴防护装备对印刷机外壳、仪器、工具等进行清洁，将工具、耗材复位摆放，严格按照垃圾分类要求丢弃工作区域内的所有废品。

③待自动清洁程序完成后，安全清洁4个刮刀并查看机组清洁情况，若有因设备自身问题造成的清洁不干净，应告知执裁专家。

④再次阅读《测试项目》文件，确认无工作遗漏，确认无误后，示意执裁专家工作结束停止计时。

第二节　数字印刷

一、数字印刷模块分析

（一）模块占比

从表3-4可知，第42～44届世界技能大赛期间，数字印刷模块在印刷媒体技术项目中的总分占比较小且无变化，相对胶印、附加任务来说，该模块的技能要求较低。从第 45 届世界技能大赛开始，数字印刷模块的分值大幅度上升，2022 年世界技能大赛特别赛中该模块仅比胶印模块的总分占比少 3%，成为项目的第二大模块，这一变化充分印证了世界技能大赛的竞赛内容会紧密跟随各行业的发展趋势而调整。

表 3-4　世界技能大赛印刷媒体技术项目中数字印刷模块的占比

届别（年份）	数字印刷模块的总分占比 /%
第 42 届（2013）	10.0
第 43 届（2015）	11.5
第 44 届（2017）	10.0
第 45 届（2019）	30.0
特别赛（2022）	36.0

（二）工作数量和时长

从表 3-5 可知，在第 42 ～ 44 届世界技能大赛中，数字印刷模块的工作数量并不多，每项工作均为 1 小时。在第 45 届世界技能大赛中，数字印刷工作流程出现了一次较大的变化，即将原本 4 项工作中的印前制作环节作为独立工作设立，工作数量变为 8 个，这种做法主要是为了应对比赛中数字印刷工位较少的情况，将工作流程分成两部分，可实现印前处理工位和数字印刷工位同时使用，从而提高了比赛效率，每个工作的总时长也由前 3 届的 60 分钟变成了 50 分钟（印前制作 20 分钟，印刷输出 30 分钟）。工作数量增加，工作时间缩短，选手在印刷输出环节不可对印前制作好的文件进行二次修改。以上三个显著变化使第 45 届世界技能大赛印刷媒体技术项目的数字印刷模块的难度显著提升。在 2022 年世界技能大赛特别赛中，数字印刷模块的工作数量为 9 项，印前制作和印刷输出依旧作为独立工作呈现，较往届最大的变化是印前制作的时间增至 1 小时，印前制作的难度显著提升。

表 3-5 世界技能大赛印刷媒体技术项目数字印刷模块的工作数量和时长

届别（年份）	数字印刷模块的工作数量	数字印刷模块的总工作时长
第 42 届（2013）	2	2 时
第 43 届（2015）	3	3 时
第 44 届（2017）	3	3 时
第 45 届（2019）	8	3 时 20 分
特别赛（2022）	9	9 时

数字印刷模块的工作数量、总工作时长、总分占比的持续提升从比赛层面印证了印刷行业已全面步入数字化时代，模块难度的不断提升需要选手具备更全面的知识技能体系。

二、数字印刷模块的技术能力要求

（一）工作类型

从表 3-6 可知，从产品形式看，在近 5 届世界技能大赛印刷媒体技术项目竞赛中，数字印刷模块的产品主要分为小册子和卡片两类。小册子产品总体变化不大，均以骑马订小册子为主；卡片类产品则较为丰富，包括席卡、明信片、名片、证书等。在第 42 和第 43 届世界技能大赛中，数字印刷技能只涉及数字印刷机的输出操作，选手无须进行图文制作，只要在印刷机流程中进行印刷基本设置，输出正确数量的印刷品即可。在第 43 届世界技能大赛中首次出现了可变数据内容，但该工作的可变数据文件已经制作完成，选手只需在印刷机流程中套入模板后输出即可。从第 44 届世界技能大赛开始，所有涉及可变数据的工作，选手均需使用印刷机流程中的可变数据插件自行制作可变数据并印刷。

从第 45 届世界技能大赛起，数字印刷模块的工作数量显著增加，技能要求更加全面，工作难度大幅提升，先后加入了数字文件预飞及制作、专色匹配、自动化输出等。其中预飞包含了文件检查、编辑处理。专色匹配是使用印刷机的四色墨粉对客户给定的专色进行追色匹配，自动化输出是使用印刷机的热文件夹功能实现产品的自动印刷。至第 45 届世界技能大赛，数字印刷模块使用的设备都是静电照相数字印刷机，而在 2022 年世界技能大赛特别赛中，该模块新增了喷墨印刷设备，进一步扩大了参赛选手的技能范围。

表 3-6　世界技能大赛印刷媒体技术项目中数字印刷的工作类型

届别（年份）	工作内容	工作类型
第 42 届（2013）	小册子	12 页骑马订小册子
	明信片	双面明信片
第 43 届（2015）	小册子 1	20 页骑马订小册子
	小册子 2	12 页骑马订小册子
	奖状	可变数据制作印刷
第 44 届（2017）	席卡	可变数据制作印刷
	小册子 1	12 页骑马订小册子
	小册子 2	20 页骑马订小册子
第 45 届（2019）	预飞和数字图像编辑	PDF 名片文件编辑
	拼版和数字文件印刷	双面名片印刷
	预飞 1	PDF 明信片文件检查
	工业流程和数字文件印刷	双面明信片自动印刷
	预飞 2	PDF 明信片检查编辑
	色彩更正和数字文件印刷	专色明信片印刷
	预飞 3	PDF 日历检查编辑
	日历数字印刷	单面日历印刷
特别赛（2022）	预飞和数字图像编辑	PDF 小册子文件检查编辑
	数字文件拼版	PDF 编辑 +8 页骑马订小册子
	预飞	PDF 名片文件检查排故
	工业流程设计和墨粉数字印刷	双面名片自动印刷
	宣传册	8 页骑马订小册子
	VDP 文件数字印刷	可变数据制作印刷
	大幅面数字印刷 1	海报编辑印刷
	大幅面数字印刷 2	标签印刷及模切
	大幅面数字印刷 3	标签印刷及模切

（二）技术能力要求

下面综合世界技能大赛印刷媒体技术项目的《技术描述》《测试项目》《评分方案》等文件内容对数字印刷模块的技术能力要求进行具体分析。

1. 印刷过程控制

选手需熟练掌握数字印刷机流程中的各项功能，能够执行印刷品套准调节，添加工作信息标签、裁切线等工作，在印刷过程中对印刷品质量、数量进行全程控制。

例如，在第 44 届世界技能大赛印刷媒体技术项目的“小册子 1”工作中需进行正反面套准，确保图文有 3mm 的出血，以“WSI What is WorldSkills 12p 和国家代码”为名称添加工作信息标签。

2. 印刷要素控制

数字印刷具有适合小批量、个性化印刷品生产的特点，在生产中往往需频繁更换各种类型纸张，因此选手需掌握不同纸张的特点，能够根据其类型、尺寸、定量等正确选择纸盒并进行设置，以避免无法输纸、卡纸或定影不牢等故障发生。

例如，在第 44 届世界技能大赛印刷媒体技术项目的“小册子 2”工作中，选手需分别使用 150g/m^2 亚光铜版纸进行封面印刷，100g/m^2 亚光铜版纸进行内页印刷。

3. 拼版

常见印刷品一般均可通过数字印刷机流程进行拼版，基于设备的这个特点，数字印刷拼版一般由印刷机操作人员完成，不再设立专门的印前制作人员，这就要求选手熟练掌握印刷机流程内的拼版方式和适用范围。由于数字印刷产品类型丰富，且每种产品拼版方法的共通性较小，便于选手积累丰富的拼版经验，因此能够快速、准确、高效拼版就成为选手在数字印刷模块需掌握的核心能力之一。

例如，第 45 届世界技能大赛印刷媒体技术项目中出现的名片、明信片、日历工作均采用了不同的拼版方式进行印刷。

4. 时间管理

选手需在《测试项目》规定时间内完成全部工作，通常该时间包含文件检查、拼版、印刷机设置调校、正式生产、工作区域整理等时间。工作时间结束后，选手应立即停止所有操作，若工作过程中遇到设备故障等突发情况，根据造成故障的具体原因，由该工位执裁专家决定是否补时。数字印刷中若卡纸可告知执裁专家由现场技术人员进行处理，但处理期间一般不停止计时。

例如，在第 45 届世界技能大赛印刷媒体技术项目中“预飞和数字图像编辑”的工作时间为 20 分钟，选手需在 20 分钟内完成名片的所有文件编辑处理工作，若工作未完成，在接下来的名片印刷环节的 30 分钟内，数字印刷机流程电脑中不提供文件编辑软件，选手不可对上一工作未完成的部分进行二次加工。

5. 印后加工操作

数字印刷模块的印后加工操作通常包含装订、裁切两部分。装订一般只针对使用数字印刷机自带骑马订系统对小册子类印刷产品进行装订，装订打分项、工作时间均包含在该数字印刷工作中。裁切工作多为连带形式，即印制出的产品需在附加任务模块进行成品裁切。

例如，第 44 届世界技能大赛印刷媒体技术项目的“小册子 1”工作中印刷出的小册子，选手需在附加任务模块的工作 13 中进行裁切。

6. 可印刷文件的检查和管理操作

选手需在印刷前使用 Adobe Acrobat 软件对客户提供文件的尺寸、出血、字体、图像分辨率、PDF 标准、色彩、页序等参数进行检查或重新编辑，即印前检查或预飞，必要时要出具《预飞报告》，保证待印刷文件满足行业印刷适性和印后加工需求。

例如，在第 45 届世界技能大赛印刷媒体技术项目的“预飞和数字图像编辑”工作中，选手需使用 Adobe Acrobat 软件对提供的名片原文件进行预飞和编辑，替换名片中的原有信息为选手的姓名、手机、邮箱，并将职位改为“WorldSkills Competitor”，确保文件包含出血且可裁切。

7. 可变数据印刷

可方便、快捷地进行可变数据印刷是数字印刷区别于胶印等传统印刷方式的显著优势之一。选手在印制可变数据产品时需特别注意监测数据的正确性和完整性。

8. 可变数据文件管理操作

可变数据印刷前需先进行制作，目前制作可变数据的软件繁多，世界技能大赛印刷媒体技术项目主要依托 Adobe Acrobat 中 Prinect 插件的“条形码 &VDP 编辑器”功能来完成。该功能不仅可完成文字、计数器、日期、时间等可变数据的添加，还可完成二维码插入，常用于门票、奖状、名片、明信片、书刊扫码信息等的制作。选手在制作前需做好原文件的拷贝，制作完成后认真核对可变数据的内容及数量，做好文件管理。

例如，第 44 届世界技能大赛印刷媒体技术项目的“席卡”工作，选手需在 15 分钟内，使用提供的模板文件、数据文件完成席卡正、反面的世界技能大赛的项目编号、项目名称可变数据的制作，制作时需保证字色、字体、字号、位置、方向等与提供的样例完全一致。

9. 数字印刷机 RIP 上的色彩管理操作

做好数字印刷机色彩管理是保证印刷色彩质量的印刷前重要调校工作。选手需借助校正仪器，对数字印刷机进行色彩管理，必要时可出具印刷机《色彩管理报告》或“校正样张”作为产品色彩质量的重要参考依据。此外，选手还需要根据执裁专家提供的专色色样，使用数字印刷机完成专色匹配，要求色差尽可能小，并对数字文件中的某色进行专色替换印刷等操作。

例如，第 44 届世界技能大赛印刷媒体技术项目的“席卡”“小册子 1”工作，均要求选手使用 EFI-ES2000 i1 仪器在印刷前对印刷机进行色彩校正。第 45 届世界技能大赛印刷媒体技术项目的“色彩更正和数字文件印刷”就是一个数字印刷的专色匹配及印刷工作。

10. 数字印刷机的维护保养

选手需能够正确处理印刷过程中的卡纸等问题，以及更换墨粉等常规维护保养工作。虽然在世界技能大赛中，遇到卡纸、墨粉不够报警等情况时，选手可示意执裁专家由现场技术人员来进行处理，但是卡纸处理、墨粉更换属于数字印刷机最基本的日常维护保养工作，选手应具备该能力，以保证生产的正常进行。

11. 客户服务操作

选手需按照执裁专家（即客户）的要求完成临时工作等。

例如，由于设备、材料、文件等原因，现场由专家讨论后对题目进行更改。

三、数字印刷模块的典型案例

（一）小册子

下面以第 44 届世界技能大赛印刷媒体技术项目数字印刷模块的“小册子 1”工作为例，分析该类工作的技术要点。

任务 4　什么是世界技能小册子（M2.2）

模块 B / 数字印刷

描述

这是一个数字印刷工作。数字文件在电脑桌面上，选手需将文件载入 RIP/服务器。选手需进行色彩校正。

工作	**12 页骑马钉小册子“什么是世界技能大赛”**
印品数量	15 本
校版纸	50 张
色彩	4/4 所有页面

纸张尺寸	SRA3 320mm×450mm
裁切前尺寸	SRA4 320mm×225mm
成品尺寸	A4 210mm×297mm
纸张	130g/m^2 亚光铜版纸
油墨	C，M，Y，K
印刷机	海德堡凌图 CV
工作状态	数字文件在 Prinect RIP 和预飞电脑桌面上。
工作总时间	15 分钟预飞。 45 分钟印刷——**不允许超时**。 这个工作包括色彩校正、加载数字文件、拼版、装纸、设置纸盒、完成指定数量印品。
印刷前	制作一本 12 页的小册子。 **预飞**：用离线电脑打开“What is WorldSkills”小册子文件进行预飞。 记录页面尺寸、裁切尺寸及出血。 **生产**：用正确纸张进行色彩校正。 进行正反面套准并调整图像。 小册子的所有页面都为 4/4 印刷——确保有 3mm 出血。 在 Prinect RIP 里添加工作标签——“WSI What is World Skills 12p 和国家的代码”。 选手需将特定的纸张装入印刷机。根据提供的 PDF 生产出 15 本成品，确保每本图像正确。
印刷中	质量监控——若出现设备故障由技术人员处理。
印刷后	把成品给裁判。
附加知识	印后加工在附加任务 13 完成。这个工作包括根据任务 13 的施工单要求对印好的产品进行裁切计划设计和裁切。

第 44 届世界技能大赛印刷媒体技术项目数字印刷模块的“小册子 1”印刷文件如图 3-8 所示。

图 3-8　第 44 届世界技能大赛印刷媒体技术项目数字印刷模块的“小册子 1”印刷文件

1. 工作要点

根据《测试项目》，该任务为印刷A4幅面的骑马订小册子，包括预飞和生产两个阶段。预飞时，选手需对数字文件进行必要的处理，制作出符合小册子阅读习惯并满足印刷装订要求的印刷文件。在生产过程中，选手要执行色彩校正、正反面套准、添加裁切线（确保出血尺寸正确）和工作标签等基本操作。需要特别注意的是，该任务为连带工作，印刷出的半成品要在附加任务中进行裁切，因此在印制半成品时选手要将裁切计划绘制等损耗计算在内，以满足最终成品要求。

2. 工作方法

（1）准备和预飞工作

选手查看所需的工具、仪器、耗材是否齐全，若齐全则示意裁判开始工作。复制原数字文件，以“WSI What is WorldSkills 12p 和国家的代码”重新命名，查看页面方向和页序是否正确并做出调整。根据成品尺寸要求，结合数字文件，复核文件中是否有裁切线，裁切线位置是否正确。记录数字文件的页面尺寸、裁切尺寸，计算图文出血。

（2）生产和收尾工作

选手要测量纸张尺寸，装纸并进行设置。根据50张校版纸数量，制订纸张使用方案，对印刷机进行色彩校正，保留校正前后样张。使用印刷机自带的正反面套准调节功能对正反面套准进行校正，保留校正前后样张。

在印刷机流程中进行拼版。设定出血，添加裁切线（若原数字文件中已有裁切线且出血正确可忽略该步骤）和工作标签。印刷单页产品，再次进行正反面套准调节。印刷并装订一本半成品，核对页面、页码、尺寸、工作标签等所有参数，若无误，开始正式印刷，印刷过程中抽样检查印刷质量。

印刷完成后，将要提交给执裁专家的印品、校正页分类整齐摆放。整理工作区域内的工具、仪器、耗材并丢弃废品。再次阅读《测试项目》，确认所有工作均完成，示意执裁专家停止计时。

（二）预飞

下面以2022年世界技能大赛特别赛印刷媒体技术项目数字印刷模块的“预飞”工作为例，分析该类工作的技术要点。

任务6　预飞（M2.3）

描述

数字印刷机操作员必须能够预飞检查PDF文件，以为客户印刷出最佳质量的印刷品。很多时候，客户不知道自己提供的数字图像的分辨率不正确。

评分

将使用测量评判。

工作总时间

1小时

任务

这个任务需要使用Adobe Acrobat软件。

- 当裁判宣布开始后，使用Adobe Acrobat打开提供的“PreflightPro”数字文件。
- 预飞数字文件，检查下列规格是否存在缺陷：出血、分辨率、PDF标准等。
- 在缺陷答题纸上描述文件中的这些缺陷。

（a）在答题纸上定义每一个缺陷。

（b）给出专业的缺陷解决方法。

- 使用Adobe Acrobat修复可修复的缺陷，不能修复的缺陷保留。
- 在U盘中以“国家代码_Repaired_PreflightPro_.pdf”为名称保存修复完成的文件，例如：MX_Repaired_PreflightPro_.pdf。
- 工作完成后示意裁判停止计时。

1. 工作要点

在现实生产中，客户提供的数字文件往往存在不规范性，因此进行文件预飞是保证印刷质量的重要前序工作。通过文件预飞，可以掌握文件的基本信息，包括页面尺寸、成品尺寸、字体嵌入、图像分辨率、专色信息、颜色叠印等，如检查文件是否出血正确、是否包含低分辨率图片、是否包含细线或过小的字体。必要时，需要对文件进行编辑或问题修复，使其满足印刷需求。文件可进行预飞检查的内容繁多，这就需要选手在日常训练中通过大量的文件预飞练习，总结不同印刷品的特殊需求，加强针对性。在进行预飞时，选手需具有清晰的概念。

2. 工作方法

首先，复制原数字文件，以“国家代码 _Repaired_PreflightPro_.pdf”命名。其次，使用 Adobe Acrobat 软件的“印前检查”功能，对照答题纸上的预飞要求，逐一创建预飞配置文件，对所有待查文件进行预飞，并在答题纸上记录，有问题的文件要简单书写解决办法。完成预飞后，对照答题纸，根据提供的数字文件素材，对可修复的问题进行修复。例如，若素材中包含高分辨率图片，则应将原低分辨率图片进行替换。最后，将最终文件拷贝至 U 盘中。

（三）文件编辑

下面以第 45 届世界技能大赛印刷媒体技术项目数字印刷模块的“预飞和数字图像编辑”工作为例，分析该类工作的技术要点。

任务 4　预飞和数字图像编辑（M2.1）

模块 B/ 数字印刷

描述

数字印刷机操作员需能够打开和编辑 PDF 文件，并按照客户要求对 PDF 文件进行更改。

评分

将使用测量评判。

工作总时间

20 分钟

任务

这个任务需要使用Adobe Acrobat软件。选手使用Adobe Acrobat打开裁判提供的PDF名片模板。选手对文件进行预飞，以保证文件的印刷适性，之后复制文件并进行编辑。

- 当裁判宣布开始后，使用Adobe Acrobat打开提供的PDF文件。
- 对文件进行预飞，确保文件图像包含出血，图像可印刷。
- 使用Adobe Acrobat编辑PDF，使名片中包含你的个人信息：

（a）将提供的字段改为你的姓名、电话和邮箱。

（b）将标题改为“WorldSkills Competitor”。

（c）确保字体、字型、字号无变化。

- 以“国家代码_businesscard”为名称保存文件，例如：MX_Businesscard.pdf。
- 当你完成任务时向裁判示意。

1. 工作要点

根据《测试项目》内容，该工作的重点是使用Adobe Acrobat软件对PDF文件进行编辑，通常可包括文本和图像两类，是数字印刷操作员必须掌握的基础技能之一。对文本的常规编辑包含字段修改、文本添加、页眉页脚设置等，需确保编辑后的文本内容、位置、字体、字号、颜色等符合客户要求。对图像的常规编辑包含图像替换、插入、裁剪等，要确保编辑后的图像位置、大小、比例等正确。

2. 工作方法

（1）预飞

复制原文件，并以“国家代码_Businesscard.pdf”重新命名。使用Adobe Acrobat软件的“印前检查”功能，创建预飞配置文件，检查文件是否包含正确的出血、字体是否已嵌入、图像分辨率是否符合印刷要求，并查看颜色信息等，若有误进行改正，以确保文件可印刷。

（2）编辑

使用 Adobe Acrobat 软件的“编辑 PDF”功能，根据要求对文件中的字段进行内容修改，确保内容无误。所有编辑完成后进行检查，将文件保存在电脑桌面上。删除桌面上不必要的文件。

（四）可变数据

下面以第 44 届世界技能大赛印刷媒体技术项目数字印刷模块的“席卡”工作为例，分析该类工作的技术要点。

任务 3　席卡（M2.1）

模块 B/ 数字印刷

描述

此工作是用数字印刷方式印刷可变数据。选手通过（电脑）桌面获得数字文件，并将数字文件载入 RIP/ 服务器。选手需执行（色彩）校正流程。根据施工单说明，选手将使用正确的纸箱装纸，将数据文件与 4/0 图像合并来印刷可变数据席卡。

工作	**可变数据席卡**
印品数量	52 张席卡
校版纸	10 张
色彩	4/0 – CMYK
纸张尺寸	297mm×420mm (A3)
成品尺寸	297mm×210mm (A4)
纸张	200g/m^2 数字印刷光面纸
墨粉	C，M，Y，K
机器（数字印刷机）	海德堡凌图 CV
工作状态	数字文件在预飞电脑和印通 RIP 桌面上。

	15 分钟用于预飞文件。 45 分钟用于印刷——**不允许超时。**
工作总时间	此工作包含（色彩）校正、套准、加载数字文件。拼版，拼版需符合纸张尺寸，设置纸箱，印刷所需数量的印品。
印刷前	**预飞：**使用与印刷机未连接的电脑进行文件预飞。 打开“WS_TentCard_WS_outline_Type_specs_1.pdf”和“data_tent_cards”文件，文件中列出了需印刷至席卡上的数字和姓名。 记录（可变数据的）字体、尺寸和位置信息。 查看需要输出的数据并组织（工作）计划。 **生产：**在印通工作站上进行生产，选择“WS_TentCard_WS_outline”文件，使用数据文件进行可变数据印刷，版式符合 A3 纸张。 （产品上）印刷工作信息，出血裁切标记，无缩放。 使用合适的纸张进行（色彩）校正。 你将获得 62 张 200g/m^2 的数字印刷光面纸。 选手将规定的纸张装载进印刷机并（对印刷机进行）设置。
印刷中	质量监控。查看所有姓名及数量是否正确印刷。 出现设备故障时由技术人员进行排除。
印刷后	将所需数量（印品）交给裁判。
附加知识	这是一个真实案例。印刷出的席卡将在会议中使用。 保留席卡，席卡将在任务 12 中进行裁切。

第 44 届世界技能大赛印刷媒体技术项目数字印刷模块的“席卡”的数据文件、样例文件如图 3-9 所示，模板文件、规格文件如图 3-10 所示。

Skill Number	Skill Name
1	Polymechanics and Automation
2	Information Network Cabling
3	Manufacturing Team Challenge
4	Mechatronics
5	Mechanical Engineering Design – CAD
6	CNC Turning
7	CNC Milling
8	Architectural Stonemasonry
9	IT Software Solutions for Business
10	Welding
11	Print Media Technology
12	Wall and Floor Tiling
13	Autobody Repair
14	Aircraft Maintenance
15	Plumbing and Heating
16	Electronics
17	Web Design
18	Electrical Installations
19	Industrial Control
20	Bricklaying
21	Plastering and Drywall Systems
22	Painting and Decorating
23	Mobile Robotics
24	Cabinetmaking
25	Joinery
26	Carpentry
27	Jewellery
28	Floristry
29	Hairdressing
30	Beauty Therapy
31	Fashion Technology
32	Patisserie and Confectionery
33	Automobile Technology
34	Cooking
35	Restaurant Service
36	Car Painting
37	Landscape Gardening
38	Refrigeration and Air Conditioning
39	IT Network Systems Administration
40	Graphic Design Technology
41	Health and Social Care
42	Construction Metal Work
43	Plastic Die Engineering
44	Visual Merchandising and Window Dressing
45	Prototype Modelling
46	Concrete Construction Work
47	Bakery
48	Industrial Mechanics Millwright
49	Heavy Vehicle Maintenance
D1	Demo 1 - 3D Digital Game Art
D2	Demo 2 - Freight Forwarding

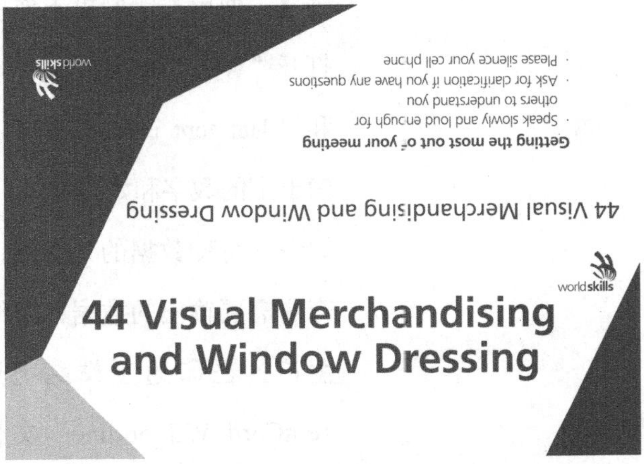

图 3-9　第 44 届世界技能大赛印刷媒体技术项目数字印刷模块的“席卡”数据文件（左），样例文件（右）

图 3-10　第 44 届世界技能大赛印刷媒体技术项目数字印刷模块的“席卡”模板文件（左），规格文件（右）

1. 工作要点

可变数据是数字印刷区别于其他印刷方式的显著特点，也是数字印刷模块的重点比赛内容，在世界技能大赛中可变数据常依托证卡类产品而呈现。按照内容，可变数据可分为可变文本数据和可变图像数据两大类。可变文本数据一般包含客户提供的可变文字和自动生成的编号、日期、时间等。可变图像数据包括客户提供的可变图片和自动生成的二维码、条形码等。选手需熟练掌握各类可变数据的制作方法，要保证可变文本的内容、数量正确，特别是位置、颜色、字体、字号等较容易忽视的细节参数正确，可变图像在调整尺寸时需特别注意保证图像比例不变，二维码中的信息准确，无丢失等。可变数据制作完成后要保存可变数据制作的过程文件，便于后续对文件页面或内容的必要修改。可变数据产品在印刷过程中需做好质量监控，应重点核查数据的准确性、完整性。

2. 工作方法

（1）可变数据制作

复制原文件，重新命名后另存于电脑桌面上。对比提供的样例文件和模板文件，明确可变数据的条目和插入位置，查看规格文件，记录可变数据的制作参数要求（字体、字号、行距等），根据可变数据类型（文本、图像）制订工作计划。按要求分类完成可变数据制作，生成的可变数据文件保存于电脑桌面上。将需打印的可变数据文件拷贝至U盘交予执裁专家。

（2）印刷

按《测试项目》要求完成必要的色彩校正、套准调节工作。在印刷机流程中进行拼版，设定出血，添加裁切线、工作标签等。印刷一个数据，检查并调节正反面套准情况，核对拼版方式、成品尺寸、页面信息、工作标签等质量参数，若为双面产品需再次检查并调节正反面套准，若无误，开始正式印刷。需要特别注意的是，可变数据因多为证卡类产品，拼版时应在保证裁切线完整的前提下尽量做到纸张的最大利用，以节省纸张。印刷过程中抽检印刷质量，印刷完成后应核对全套可变数据是否完整。做好校正页、印刷品、废品的分类及工作区域的分类、整理、清洁工作。

第三节　附加任务

一、附加任务模块分析

（一）模块占比

从表 3-7 可知，在过往的 5 届世界技能大赛中，附加任务是总分占比相对最为稳定的模块。2022 年世界技能大赛特别赛中该模块占比下降 5%，主要是由数字印刷模块的占比提升引起的。

表 3-7　世界技能大赛印刷媒体技术项目中附加任务模块的占比

届别（年份）	附加任务模块的总分占比 /%
第 42 届（2013）	30
第 43 届（2015）	30
第 44 届（2017）	30
第 45 届（2019）	30
特别赛（2022）	25

注：第 42、第 43 届世界技能大赛的总分占比为维护保养与附加任务模块的总占比。

（二）工作数量和时长

从第 44 届世界技能大赛开始，维护保养模块的内容全部合并至附加任务模块并沿用至今。从表 3-8 可知，从第 42 届至 2022 年世界技能大赛特别赛，附加任务模块的工作数量虽然每届都有起伏，但总工作时长的变化不大。该模块是印刷媒体技术项目比赛中，工作数量最多，总时间最长的模块。

表 3-8　世界技能大赛印刷媒体技术项目附加任务模块的工作数量和时长

届别（年份）	附加任务模块的工作数量	附加任务模块的总工作时长
第 42 届（2013）	7（含维护保养）	9 时 45 分
第 43 届（2015）	9（含维护保养）	8 时
第 44 届（2017）	12	8 时 45 分
第 45 届（2019）	10	8 时
特别赛（2022）	9	9 时

二、附加任务模块的技术能力要求

（一）工作类型

从表 3-9 可知，在近 5 届世界技能大赛印刷媒体技术项目比赛中，附加任务模块的常设工作有维护保养、调墨、专色印刷、裁切、印刷弊病鉴别和印刷模拟六类，除裁切和胶印、数字印刷模块均可衔接外，其他均为胶印相关工作，特别是专色印刷，其是直接的胶印印刷工作，这再次印证了胶印相关技能在印刷媒体技术项目中的核心地位。

表 3-9　世界技能大赛印刷媒体技术项目附加任务模块的工作类型

届别（年份）	工作内容	工作类型
第 42 届（2013）	维护保养	橡皮布、润版液、水墨辊
	调墨	潘通油墨调配（大墨量）
	专色印刷	单专色印刷（衔接调墨）
	裁切	小册子、明信片（衔接数字印刷）
	印刷模拟 1	基本设置
	印刷模拟 2	维护保养
	印刷模拟 3	操作流程
第 43 届（2015）	维护保养	橡皮布、水墨辊
	印刷弊病鉴别	胶印印刷弊病鉴别

（续表）

届别（年份）	工作内容	工作类型
第 43 届（2015）	调墨	潘通油墨调配（大墨量）
	专色印刷	双专色印刷（衔接调墨）
	裁切 1	小册子（衔接数字印刷）
	裁切 2	小册子（衔接数字印刷）
	裁切 3	奖状（衔接数字印刷）
	印刷模拟	操作流程
	海报	四色海报分两日印刷
第 44 届（2017）	维护保养	橡皮布、水墨辊
	印刷弊病鉴别	胶印印刷弊病鉴别
	调墨 1	潘通油墨调配（大墨量）
	调墨 2	潘通油墨调配（小墨量）
	专色印刷	双专色印刷（衔接调墨）
	裁切 1	席卡（衔接数字印刷）
	裁切 2	小册子（衔接数字印刷）
	裁切 3	小册子（衔接数字印刷）
	裁切 4	卡片（衔接专色印刷）
	印刷模拟 1	印刷机设置
	印刷模拟 2	操作流程
	印刷模拟 3	操作流程
第 45 届（2019）	调墨	四色泄墨调配（超大墨量）
	故障排除 + 专色印刷	橡皮布、飞达双专色印刷（衔接调墨）
	裁切 1	名片（衔接数字印刷）
	裁切 2	明信片（衔接数字印刷）
	裁切 3	裁切测试（胶印产品）
	裁切 4	日历（衔接数字印刷）
	印刷模拟 1	操作流程

（续表）

届别（年份）	工作内容	工作类型
第 45 届（2019）	印刷模拟 2	印刷材料
	印刷模拟 3	维护保养
	印刷模拟 4	印刷质量
特别赛（2022）	调墨 1	四色油墨调配（超大墨量）
	调墨 2	四色油墨调配（大墨量）
	调墨 3	四色油墨调配（大墨量）
	印刷弊病鉴别	胶印印刷弊病鉴别
	裁切	卡片（胶印产品）
	工程工作	工艺流程编排、绘制
	印刷模拟 1	印刷材料
	印刷模拟 2	维护保养
	印刷模拟 3	操作流程

（二）技术能力要求

1. 维护保养

维护保养属于胶印工作的延伸，是在胶印机上完成耗材及易损部件的更换、调试等工作。该工作相对胶印模块的产品生产来说，会使用到较多的专用工具或仪器。

（1）橡皮布相关维护保养

选手需了解印刷压力产生的原理，能够熟练使用千分尺等厚度测量工具精准测量橡皮布和橡皮布包衬的厚度。根据不同胶印机的印刷压力需求，选择合适的橡皮布及包衬，并在印刷机上安全规范地安装橡皮布和包衬。使用筒径仪复核安装参数是否满足要求并进行调整。

（2）水墨辊相关维护保养

选手需了解胶印水墨辊的物理知识，能够使用硬度仪规范测量墨辊的硬度，使用游标卡尺测量墨辊的直径，墨辊轴承的内外径、宽度等参数。了解不同胶印机的水墨路构成，能够拆除任意机组中的所有水墨辊，进行轴承更换等，安装水墨辊时能够对压力进行调校。

（3）润版液相关维护保养

选手需了解润版液的pH值、导电率等化学性能，能够使用pH值、导电率检测仪测量润版液参数，判断润版液是否达到印刷适性，也可根据胶印需求自行使用润版原液来配置润版液。

2. 调墨

调墨是专色印刷工作的前置工作，在第42～44届世界技能大赛期间，该工作要求选手根据《测试项目》上的专色名称，在潘通色卡中查找该专色，并按色卡上规定的油墨和配方称重进行调配，因此比赛现场会放置多种色彩的油墨供选手使用，该工作对选手的调墨技能要求并不是太高。

从第44届世界技能大赛开始，选手不再使用潘通色卡，而是得到一个真实的印刷专色色样，选手需使用分光光度仪现场测量专色数值，现场仅提供CMYK四色油墨和冲淡剂来供选手调配专色油墨，力求色差最小。在调配重量上，第42～44届世界技能大赛为大墨量（200～500克）和小墨量（200克以下），近两届出现了超大墨量工作（500～1000克），在调墨改为四色油墨和重量大幅度增加的双重作用下，该工作的难度极大提升。

3. 专色印刷

在印刷媒体技术项目中，选手调配的专色油墨一般需在胶印机上进行印刷以验证油墨色彩是否达到标准。专色印刷的技能要求与本章第一节所述的胶印的技能要求基本相同，选手的产品生产过程控制在胶印模块相关工作中已得到评判，因此专色印刷工作评判时更侧重于色彩、套准、表面等内在产品质量。

在过往5届比赛中，专色印刷工作对选手的水平要求显著提升，如第42和第43届比赛时，选手只需在测控条上选取指定色块（1～3个）进行色差测量，色差大于5得0分，小于5的选手按色差从小到大排序依次获得相应分数。

第 44 届世界技能大赛中，由只测量 1 ～ 3 个色块更改为所有测控条上的色块（最少 10 个）均需扫描测量，色差小于 2 的色块可得满分，色差在 2 ～ 5 的色块得 70% 的分，大于 5 得 0 分，这种评判方式相对之前，难度大幅度增加。

4. 裁切

裁切工作中，选手需掌握裁切计划的绘制方法，能够分辨产品的印刷定位边，并按照裁切计划使用切纸机的编程功能编制裁切程序，以符合行业标准的安全方式进行小册子、卡片等印刷产品的裁切。

在过往 5 届世界技能大赛中，裁切工作多为数字印刷模块的后续加工，也出现过 3 次胶印产品裁切，当数字印刷模块未印刷出产品时则裁切无法完成，因此选手在比赛时需具备上下工序衔接的意识。

5. 印刷弊病鉴别

印刷弊病鉴别是对胶印产品上的印刷质量问题进行鉴别并指出弊病类型的工作。选手需掌握常见印刷弊病的呈现形式和鉴别方法，工作的完成度主要依靠选手的日常经验积累。

印刷弊病鉴别在近 5 届世界技能大赛中出现过 3 次，选手会在施工单上得到可能出现的弊病范围，然后通过目测印张，查找印张上存在的弊病并填写答题纸。所有弊病印张均来自企业生产，在比赛中不向选手提供标准样张（即无弊病的样张）进行比对，这大大提升了该工作的难度。

6. 印刷模拟

印刷模拟工作是选手使用 Sinapse 胶印模拟系统，排除软件中设定的胶印机故障和产品质量问题。该工作是印刷媒体技术项目中唯一一个单纯依靠电脑而无须借助其他任何设备、仪器、工具的工作。与印刷弊病鉴别相比，该工作中选手不仅需要找到问题所在，更要解决问题。该工作所有题目均来自软件内部素材的自由排列组合，因此参赛选手要花费较多的时间熟悉软件内部故障排除的固定方法。

7. 其他

在近5届世界技能大赛中，附加任务模块有三个特殊工作仅出现过一次，分别是第43届的“海报”工作、第45届的“故障排除+专色印刷”工作和2022年世界技能大赛特别赛的“工程工作”。

（1）海报

该工作虽归属于附加任务模块，但实质是胶印工作。该工作需将一个四色印刷产品分两天来印刷，即每天只印刷两种颜色，技能要求和本章第一节所述胶印的技能要求一致。

（2）故障排除+专色印刷

该工作与附加任务模块中单纯专色印刷工作的区别在于选手使用的胶印机初始状态不是标准状态，即印刷机预先设置了故障，无法直接开始工作。选手须根据经验判断故障点并顺利排除后，方可开展后续工作。

分析比赛中的故障设置思路不难发现，这些故障并不是真正意义上的设备机械问题，而更类似于按照规范步骤完成胶印机的预调节和维护保养，因此选手在印刷机调试和预印刷的过程中，由技术人员事先设置的故障均可以得到显露和排除。

（3）工程工作

该工作在2022年世界技能大赛特别赛上首次出现。工作时选手可拿到一份印刷成品，需观察产品使用的印刷工艺（含印刷、印后），并根据提供的不同印刷机参数、成品数量等，选定合适的印刷设备，遵循纸张的最大利用原则确定纸张规格和拼版方式，遵照折页机JDF数据制订标准折页计划，最终绘制产品排版、折页、压痕、打孔、裁切图等。该工作类似于印刷企业中产品工艺施工单的制定，是对胶印全流程中各工艺环节及其衔接的综合考核，虽然工作全程不借助设备，只要求选手进行笔答，但对选手的能力要求很高。鉴于该工作只出现过一次，考核方式、评判标准均不稳定，因此不做展开分析。

三、附加任务模块的典型案例

（一）维护保养

世界技能大赛印刷媒体技术项目附加任务模块的维护保养工作如图 3-11 所示。

图 3-11　世界技能大赛印刷媒体技术项目附加任务模块的维护保养工作

下面以第 44 届世界技能大赛印刷媒体技术项目附加任务模块的“维护保养”工作为例，分析该工作的技术要点。

任务 6　维护保养（M3.1）

模块 C/ 附加任务

描述

对胶印机操作者来说，其主要职责是在胶印机上安全安装并调节辊子、印版和橡皮布。在执行这些任务时有一套流程来确保操作者和设备的安全。选手完成这些任务的速度、设置准确性和流程将被评估。

工作	**维护保养**
印品数量	不适用
机器	海德堡速霸 SM52-2 压痕比对卡 千分尺 笔和纸 印版

工作状态	印刷机上未安装橡皮布和4号着墨辊
工作总时间	1小时——**不允许超时**
必要工作	● 选择最合适的包衬安装在印刷机上，橡皮布和包衬的厚度为3mm。 ● 在印刷机上安装橡皮布和包衬。 ● 在印刷机上安装4号着墨辊。 ● 装入印版。根据说明设置4根着墨辊和水辊的压痕（辊子上有油墨）。 说明——所有压痕为3mm（墨辊）和5mm（水辊）。 当专家宣布开始后开始工作。 当你完成任务后示意专家停止计时。 这个工作和速度有关，但需保证质量。

1. 工作要点

根据《测试项目》描述，可以看出该工作需要选手完成两种类型的维护保养。一是根据厚度要求选择正确的橡皮布包衬并安装在印刷机上。二是安装一根墨辊并调节水墨辊的压力至指定数值。在明确了工作要求后，可以确定该工作的要点是千分尺厚度测量、橡皮布和包衬安装以及水墨辊压力调节的规范。这项工作的技能要求并不高，属于胶印机操作员的日常设备维护保养范畴，也是每位参赛选手的基本功，重点考量选手的工具使用和工作过程的熟练度，操作流程是否符合行业或设备说明书规范。

2. 工作方法

（1）橡皮布相关工作

使用千分尺测量橡皮布厚度，为保证精准度应至少测量三点后取平均值。根据《测试项目》总厚度3mm的要求和橡皮布测量厚度计算包衬厚度，选取正确的包衬。需要注意的是，比赛中提供的包衬不一定是标准包衬，可能是不同厚度的铜版纸，因此选手需要自行选择并拼凑至正确的厚度。在无橡皮布和包衬的机组上安装橡皮布及包衬，安装时要严格遵守海德堡 SM52 胶印机操作说明书中的安装步骤，若橡皮布边缘突出，需使用专用工具将橡皮布压入。安装完成后，使用筒径仪测量橡皮布滚筒的超肩铁量（若提供筒径仪）以进行复核或调整，并使用干抹布清洁橡皮布表面。

（2）水墨辊相关工作

穿戴安全防护装备。查看缺失 4 号着墨辊的机组，安装着墨辊并锁紧。装入水墨辊调节专用印版。调节串墨辊与着墨辊的压力至 3mm，并用纸片抓取驱动面与操作面的最后压痕宽度。调节所有着水、着墨辊的压力至指定数值，注意调节过程中一定要分清各条压痕在印版上的位置，避免搞错浪费工作时间。调节好后，清洁印版，在印版上留下所有着水、着墨辊压痕，使用压痕对比卡测量无误后，拆下印版，将该印版和之前抓取的串墨辊与着墨辊压痕纸片一起提交给执裁专家进行评判。需要特别指出的是，虽然串墨辊与着墨辊的压力调节并未在《测试项目》中描述，但是作为行业规范操作的一部分，该工序不可遗漏或不做。

（3）收尾工作

对所有使用过的工具进行清洁，并将工具、耗材等复位。按照垃圾分类要求丢弃工作区域内的垃圾。确认工作全部完成后示意执裁专家。

（二）调墨

世界技能大赛印刷媒体技术项目附加任务模块的调墨工作如图 3-12 所示。

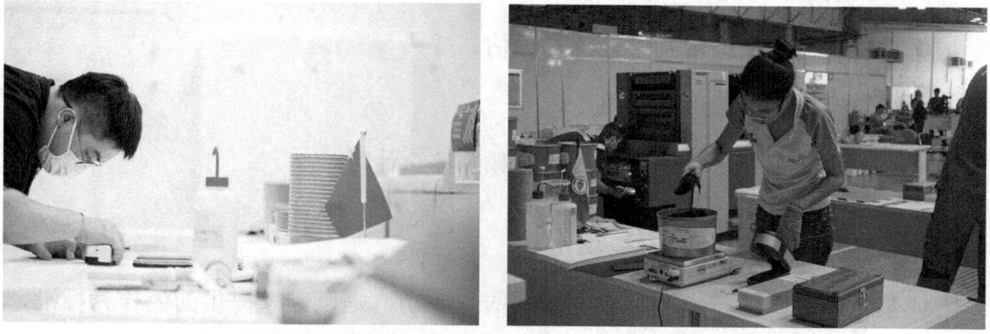

图 3-12　世界技能大赛印刷媒体技术项目附加任务模块的调墨工作

下面以2022年世界技能大赛特别赛印刷媒体技术项目附加任务模块的“调墨”工作为例，分析该工作的技术要点。

任务13 调墨（M3.1）

模块C/附加任务

描述

选手需要调配一个潘通色，重量达标且工作区域清洁。

评分

将使用评价和测量评判。

工作总时间

1小时

任务

这个任务需要选手仅使用青、品红、黄和黑色油墨调配一个潘通色。选手调配油墨的重量、Lab值、时间、清洁度和安全性将被评估。

- 选手准备好后，示意裁判开始计时。
- 仅使用C，M，Y，K油墨调配以下油墨：

1千克PANTONE 471

- 不能浪费油墨——所有调配好的油墨都要装入罐子。
- 与专家提供的展墨样进行匹配。在圆圈内测量。

（a）选手提交的展墨样亮度差必须在-1～+1之间方可读取色差。

（b）在展墨样底部写上国家代码。

- 将展墨样提交给裁判进行色彩评估。
- 将墨罐提交给裁判测量重量。
- 必须清洁工作区域，完成后示意裁判停止计时。

1. 工作要点

调墨是印刷媒体技术项目参赛选手的基本功，是以专家提供的色样为标准，调配指定重量的专色油墨，力求达到色差最小，工作完成后对工作区域进行完整清洁。根据以上工作内容，可以得出调墨工作共有三个要点。第一，色差控制。色差是调墨工作评判的核心，选手要充分掌握借助分光光度仪进行科学、规范调墨的方法，而不是仅凭感觉或目测来判断。第二，重量控制。重量控制是在保证色差足够小的前提下，需要把调配好的专色油墨总重量控制在 ±10g 之内。这就需要选手不能一次性完成油墨的调配，而是要通过多次调配来找到精准的各色油墨配比，最后根据配比来直接配重至《测试项目》要求的重量。第三，清洁。相对印刷媒体技术项目其他工作来说，调墨对于清洁的要求最高且流程也最复杂。选手在清洁过程中需要达到干净无遗漏、快速无浪费的标准才有可能拿到清洁满分。虽然调墨工作的分值在印刷媒体技术项目中的占比不算太多，但它直接决定了后续专色印刷的工作质量，而且要充分做到上述三个要点并非易事，需要选手长期、大量的练习，训练对色彩的敏感性，形成自己的油墨配比方法后才能在比赛中取得较好的成绩。

2. 工作方法

（1）准备工作

检查墨刀、调墨台等的清洁状况，以及清洁剂、油墨存量、抹布等是否充足。选手需要注意的是，充分利用准备时间检查好各项工具、耗材，明确工作内容，可避免在正式工作中出现材料不足等情况，从而耽误时间。

（2）调墨过程

使用分光光度仪，在规定区域内测量专家提供的专色墨样，确定调墨标准。穿戴好防护装备（手套、防护目镜），根据分光光度仪抓取的 Lab 或 LCh 数值开始调配专色油墨。注意，每次取墨时选手应记录取墨量，在加入新油墨后应充分搅拌均匀再进行手工展墨，防止因搅墨不匀出现的色差“假达标”现象，从而影响专色印刷。为实现最终调墨重量准确，选手可将调墨过程分三次来进行，即第一次调配总重量 20% 左右的专色油墨，力求达到色差最小，计算出各色油墨的比例。第二次按照该比例称量油墨，使总重量达到 60% 左右，待再次搅拌均匀后根据色差值继续修正油墨色差和油墨比例，直到在时间允许范围内达到色差最佳。第三次根据修正后的比例将油墨称量至《测试项目》要求，搅拌均匀后手工展墨，直至选取到满意的测量点，圈出该测量点并在展墨样下方签上国家编号后提交给执裁专家，待执裁专家确认后，将调配的所有专色油墨装至指定容器中。要特别注意的是，选手提交的最终展墨样的亮度差 ΔL 只有在 ±1 之间，执裁专家才可接受该展墨样，若超出范围，选手需重新手工展墨直至 ΔL 达标。这种要求的目的是使每位选手的手工展墨样的墨层厚度与执裁专家提交的专色墨样的差异不会太大，避免出现虽手工展墨样色差较小，但手工展墨样墨层过厚或过薄，在印刷机上无法印刷的情况。

（3）收尾工作

清洁约占每项调墨工作总分的 25%，因此是该工作的核心步骤之一，选手在整个调墨工作过程中，不管色差是否达到预期，均要留出充足的时间用于清洁。要想做到干净无遗漏、快速无浪费，选手必须有清晰的清洁思路，只有加以大量练习才能获得满意的效果。清洁一般分为初步清洁、二次清洁、三次清洁和擦干四个步骤，其中通过初步清洁和二次清洁要将墨刀、调墨台等被油墨覆盖最多的地方清洁干净并将垃圾丢弃，三次清洁主要是针对墨罐、分光光度仪、电子秤、清洁剂瓶等进行擦拭，最后需对所有清洁过的工具、工作台等进行擦干，保证没有清洁剂残留。当然，在工作结束前还需将所有使用过的工具、仪器、材料等进行整理并复位。

（三）专色印刷

下面以第 45 届世界技能大赛印刷媒体技术项目附加任务模块的“故障排除 + 专色印刷”工作为例，分析该工作的技术要点。

任务 13　故障排除，维护保养（M3.2）

模块 C/ 附加任务

描述

世界一流的印刷操作员必须能够观察到细小的故障，能够判断故障原因，排除故障，并在短时间内印刷高质量产品。

评分

将使用评价和测量评判。

工作总时间

2 小时——维护保养和故障排除时间 30 分钟，专色印刷时间 1 小时 30 分钟

任务

30 分钟

此任务要求选手在独立的工作区域内与海德堡的技术人员，高级印刷工 Stephan Bose 一起工作。Stephan 的任务是观察你解决故障的过程。他将确保你和机器的安全。他还会记录你的过程步骤、尝试次数、测量设备的正确使用、你的测量结果，以及完成任务的时间。

他不会对你的任务做任何协助。

● 当选手准备好后，请告知裁判开始计时。

● 在印刷机上安装橡皮布。

（a）在一系列包衬纸中选择正确的包衬。

（b）在橡皮布安装过程中遵守正确的步骤。

● 使用 1000 张不干胶调节飞达、收纸。为完成该工作，印刷机需做好安装印版和注入油墨的准备。

● 完成任务后请告知裁判。

任务

1 小时 30 分钟

该任务要求选手使用之前调配好的专色油墨印刷 500 张可出售的不干胶。

● 按照技术人员的指示，将你调好的油墨注入墨斗。

印版已经正确装在印刷机上，且无故障。

● 进行套准、色彩调节。

● 仔细检查印张上的弊病。

● 印制专色和墨样进行匹配。

（a）PANTONE 332C

（b）PANTONE 2617C

● 测量你的专色油墨 Lab 值。

（a）你将使用与专色油墨调配时相同的墨样。

（b）如果需要，可以在墨斗中调整油墨配比，使其接近目标 Lab 值。

（c）将你的 OK 样交给技术人员，在印张上圈出你测量的色块。

（d）印刷 500 张不干胶。

（e）不要从收纸台搬走完成的印张。

● 清洁印刷机。

（a）清除墨斗中的油墨，清洗墨辊、橡皮布、刮刀。

（b）清洁墨斗和墨斗辊，注意请不要拿下刮墨槽。

（c）不要拆除印版。

（d）保证印刷机和工作区域的清洁，整理所有工具。

● 拆除任务开始时安装的橡皮布及包衬。

● 完成任务后请告知裁判。

第 44 届世界技能大赛印刷媒体技术项目附加任务模块的“专色印刷”文件如图 3-13 所示。

图 3-13　第 44 届世界技能大赛印刷媒体技术项目附加任务模块的“专色印刷”文件

1. 工作要点

专色印刷是调墨工作的延续，主要是选手使用自己调配的专色油墨进行产品印刷。在工作准备阶段，本工作与四色印刷最大的不同是，选手需自行安装墨斗挡块、墨斗片等，将油墨按照专家要求注入胶印机对应墨斗，并完成一个通常为2专色的产品印刷。印刷阶段基本和前述四色产品印刷一致，产品的色差、套准和表面质量是该类型工作的要点。整理阶段，选手不仅需要对印刷机和工作区域进行常规清洁，还要对墨斗进行清洁，因此专色印刷工作的清洁时间较长，选手在整个工作过程中把握好各步骤节点，做好工作时间规划也是本工作的要点之一。

2. 工作方法

（1）维护保养 + 故障排除工作

从《测试项目》的内容可以看出，该工作是一个“维护保养 + 故障排除 + 专色印刷”的胶印综合工作，其中维护保养和故障排除工作需在30分钟内完成。维护保养部分为常规橡皮布包衬的选择及安装，工作方法之前已进行了详细介绍，此处不再赘述。

根据《测试项目》的表述，选手注入专色油墨是在印刷阶段，故障排除时印刷机处于无墨状态，因此可预判出故障排除的类型应为输纸相关故障，此外在工作内容中还描述“印刷机需做好安装印版和注入油墨的准备”，所以印刷机上无墨斗挡块和墨斗片也有可能作为部件缺失故障以让选手在30分钟内完成安装。通过以上分析，可以基本确定在故障排除过程中，选手首先要按照印刷前输纸调节的常规流程来调整胶印机输纸达到正常状态，其次安装墨斗相关部件以保证印刷机可注墨，最后选手还需拆除印刷机上的印版以确保可装版。需特别指出的是，输纸故障排除时选手应以正常输纸的调节思路从头至尾进行工作，而不是采用查找故障点等待单项排除后再进行输纸调节的方法，前者会在正常调节过程中“自动”排除预设故障，工作流程与常规工作无异，后者则可能会出现因找不到准确的故障而耽误大量工作时间的情况。

（2）印刷工作

选手将自己调配好的油墨按照技术人员的指令注入对应的墨斗中。在前序30分钟内，输纸部已经调节到位，选手无须再次进行调节，可以直接开始相关印刷流程。根据《测试项目》规定，本工作共为选手提供1000张不干胶，需印刷专色产品500张，因此选手的校版纸用量最多为500张。与四色胶印不同的是，在校版过程中，不干胶只可单面使用，若有必要，选手还可以在墨斗中加入CMYK油墨来调节专色油墨的色彩，以获取满意的色差，其他工作流程和四色印刷基本一致。在时间和纸张允许范围内，选手选出色差（在指定区域内测量）、套准、表面质量最优的OK样交给专家，连续生产500张印刷品。生产结束后，选手将剩余油墨从墨斗中清除，取下墨斗片，对墨斗辊和墨斗进行手动清洁。待墨斗清洁完毕后，其余印刷机清洁及工作区域整理过程与四色胶印一致。要注意的是，专色印刷工作中色差虽是考评重点之一，但选手需更加注重工作的完整性，不能因反复调整油墨，导致印刷生产、设备清洁时间不足，从而失去更多的分数。

（四）裁切

世界技能大赛印刷媒体技术项目附加任务模块的裁切工作如图3-14所示。

图3-14　世界技能大赛印刷媒体技术项目附加任务模块的裁切工作

1. 数字印刷产品裁切

下面以第45届世界技能大赛印刷媒体技术项目附加任务模块的“裁切2”工作为例，分析数字印刷产品裁切的技术要点。

任务 15 裁切明信片（M3.4）

模块 C/ 附加任务

描述

像所有的印刷生产一样，计划、效率和质量同等重要。

评分

将使用测量评判。

工作总时间

20 分钟

任务

选手将得到在之前数字印刷任务中印刷的明信片。当裁切明信片时需制定并遵守高效策略。

● 当裁判宣布开始后，拿出一张印张并在上边画线标识裁切位置。

（a）成品尺寸为 100mm×150mm。

（b）你在这个工作中不能使用模块程序。这个任务你必须进行手动编程。

（c）用 1、2、3 等标识裁切顺序。

（b）根据裁切计划对 Polar 切纸机编程。

● 根据裁切计划将剩余的印张进行裁切。

每种卡片必须有 8 张。

● 完成后，告诉裁判并将成品和裁切计划交给裁判。

（1）工作要点

数字印刷产品的裁切工作是数字印刷工作的延续，产品常见类型为骑马订书册或卡片。裁切工作的重点主要是选手能够绘制合理的裁切计划，使用裁切机对产品进行裁切，保证成品数量、尺寸达到标准。需要特别注意的是，裁切机一般都具有编程功能，是否使用需根据《测试项目》规定，若《测试项目》中无明确要求，选手可以使用逐刀输入尺寸的方式进行裁切。裁切工作时间一般较紧张，因此选手在日常练习中，应做到对不同产品的裁切计划绘制非常熟练，裁切方法规范才能在规定时间内完成该工作。

（2）工作方法

根据《测试项目》中的成品尺寸要求，复核印张上的产品尺寸。按照合理的裁切刀序绘制裁切计划，在裁切刀的下刀位置绘制直线并在直线旁编号标注该刀的刀序，记录每一刀的尺寸数据，直至裁切计划绘制完成。根据记录，对裁切机进行编程。整理印品，将刀压调整至适宜位置，需要特别注意的是，整理印品是保证裁切精度的关键步骤，印品在每次裁切时都需要理齐、压实、推到位。按照自动程序进行裁切，在每次下刀前比对裁切计划以对下刀位置进行复核，检视程序是否有误，如前所述，在裁切工作中选手一般没有多余时间进行试切，所以必须保证一次性正确。裁切完成后，按照印张顺序摆放好成品，并将裁切计划放置在成品上方。丢弃裁切过程中的废边等，对工作区域内的工具等进行复位、清洁。

2. 胶印产品裁切

下面以 2022 年世界技能大赛特别赛印刷媒体技术项目附加任务模块的“裁切”工作为例，分析胶印产品裁切的技术要点。

任务 17　裁切（M3.5）

模块 C/ 附加任务

描述

如果裁切计划不正确，会导致产品生产效率和质量的低下。

评分

将使用评价和测量评判。

工作总时间

1 小时

任务

选手将得到一张印品，在印品的每刀裁切位置处画线。标注编号 1、2、3 等，以表示哪里是第 1、第 2、第 3 刀等。标明每次的裁切尺寸，就像你在为裁切机编程一样。

- 裁判会给你提供一份印品，标明每次裁切的位置和裁切顺序。
- 当你准备好后示意裁判开始计时。
- 使用直尺，在每一个需要裁切的地方画线。
- 从第一刀开始，在裁切线的上方写上数字 1。在第二次裁切的位置标上数字 2。继续给每个裁切线编号，直到所有裁切线都编号完毕。
- 在提供的纸上，在每一刀的裁切位置处记录从裁切机挡块到裁切位置的测量距离。
- 结束后示意裁判结束计时。

2022 年世界技能大赛特别赛印刷媒体技术项目附加任务模块的“裁切”工作产品如图 3-15 所示。

图 3-15　2022 年世界技能大赛特别赛印刷媒体技术项目附加任务模块的“裁切”工作产品

（1）工作要点

与数字印刷产品相比，胶印裁切有以下明显不同：第一，胶印产品上一般会通过印品侧面画线或印品上侧规标记来明确体现产品印刷定位边，在绘制裁切计划时应严格按照产品定位原则来编排刀序。第二，世界技能大赛中数字印刷拼版一般都在数字印刷机流程中进行，不使用第三方软件，因此数字印刷产品一般多见同尺寸卡片或小册子裁切，产品裁切难度比胶印产品低。鉴于以上两点，胶印产品的裁切要点是刀序的编排和时间的把控。

（2）工作方法

从《测试项目》内容中可以看出本工作有以下特点：第一，未直接给出成品尺寸，需要选手自己测量印品来确定裁切尺寸。第二，不需要选手进行产品裁切，只需绘制裁切计划，这也是近5届世界技能大赛中首次出现该类型的裁切工作。开始工作后，选手测量成品尺寸、出血并记录，根据产品上侧规标记和印刷叼口确定首刀的裁切位置及尺寸，按照行业裁切产品的定位原则编排刀序，直至完成。需要特别说明的是，为提高裁切精度，能通过成品尺寸值计算得出的裁切尺寸，全部采用计算方式，并将计算值直接作为最终值记录在印张上，而不是每刀尺寸都以测量值为准，以造成因测量误差累积出现的裁切尺寸超出允差范围的情况。

（五）印刷弊病鉴别

下面以第44届世界技能大赛印刷媒体技术项目附加任务模块的“印刷弊病鉴别”工作为例，分析该工作的技术要点。

任务7　印刷弊病鉴别（M3.2）

模块C附加任务

描述

此工作按完成时间排序。准备好后示意裁判开始计时。计时开始后，打开袋子开始查看每一张印张（共9张）。需圈出在每张印张上找到的所有弊病，并在答题纸上写出（弊病）类型和每张印张上的弊病数量。完成工作后示意裁判停止计时。

工作	**常见胶印弊病鉴别**
印品数量	9张不同弊病印刷样张，各1张
机器	圆形放大镜和记号笔
工作状态	完成（工作）
工作总时间	30分钟——**不允许超时**

	选手的工作将被计时。完成最快的选手时间分为满分。完成最慢的选手的时间分为 0 分。最快和最慢之间的选手（按时间从快到慢）分段得分。
工作中	准备开始时示意裁判，裁判宣布开始后开始工作。打开袋子，查看 9 张样张的每一张。使用记号笔，圈出每张样张中你找到的每个弊病。在每张样张对应的（答题纸的）栏中记录弊病数量、弊病的类型，以及弊病出现在哪个颜色的油墨或（哪个颜色的）印版中。
工作后	完成工作后示意裁判停止计时。将样张和答题纸装回袋子并将袋子交给裁判进行打分。
附加知识	袋子中的每张弊病样张最少有一个弊病，最多有 4 个弊病。样张上有或没有的弊病仅限于以下类型。 **正反面套准**弊病是指在印张 A 面的图像和 B 面的图像不重叠或印张上一面的图文在完成印刷后方向错误。 **墨皮**是印版或橡皮布上的污物、纸张纤维、油墨杂质造成的。 **油墨色彩错误**出现在将错误的印版装在印刷机组内或将印版装在错误的机组内。 **飞达上的纸张放置错误**出现在有特殊特点的纸张装入飞达时（需要按照要求）。例如，单面涂布纸，或其他的例子。 **套准错误**是指在一个或多个颜色印刷时没有正确重叠。 **划痕**是某些异物与印版摩擦造成的，印版表面被划后油墨可渗入划痕中。这些划痕将被印刷到印张上。 **起脏**出现在非图文区域被印上色彩时，这是水墨不平衡造成的。 **橡皮布塌陷**表现为油墨未从（橡皮布）表面转移至纸张表面造成的图像缺失。

第 44 届世界技能大赛印刷媒体技术项目附加任务模块的“印刷弊病鉴别”样张（部分）如图 3-16 所示。

图3-16　第44届世界技能大赛印刷媒体技术项目附加任务模块的“印刷弊病鉴别”样张（部分）

1. 工作要点

在印刷弊病鉴别工作中选手的工作要点是，在没有标准样张比对的前提下，通过目测直接在样张上找出印刷问题，辨别各类弊病出现在哪个颜色。要准确地做到以上两点，选手需要在日常练习中将胶印工作和印刷弊病鉴别相结合，经常分析自己印刷过程中出现的问题，对各种弊病的视觉呈现形式做到“了如指掌”，对弊病出现在什么颜色做到“火眼金睛”。在积累大量经验的同时，要想快速、无遗漏地完成该工作，选手还需对印刷弊病鉴别流程进行科学分类，按序进行。

2. 工作方法

根据《测试项目》的描述，可能出现在印张上的弊病有正反面套准、墨皮、色彩错误、飞达上的纸张放置错误、套准错误、划痕、起脏、橡皮布塌陷 8 种。按照先图文外部后图文内部，图文内弊病从大到小的观察逻辑对以上弊病进行分类。第一类为“飞达上的纸张放置错误”“正反面套准”“套准错误”，第二类为“油墨色彩错误”“起脏”“橡皮布塌陷”“划痕”“墨皮”，按照以上弊病分类，按顺序对每张样张进行仔细查看，定位每个弊病类型及所在位置，填写答题纸。

（六）印刷模拟

世界技能大赛印刷媒体技术项目附加任务模块的印刷模拟工作如图 3-17 所示。

图 3-17　世界技能大赛印刷媒体技术项目附加任务模块的印刷模拟工作

下面以 2022 年世界技能大赛特别赛印刷媒体技术项目附加任务模块的“印刷模拟 3”工作为例，分析该工作的技术要点。

任务 21　印刷模拟 3（M3.9）

模块 C/ 附加任务

描述

SHOTS 模拟——故障来自未遵守规范操作流程。选手将得到 3 个包含复杂故障的练习。

评分

将使用测量评判。

工作总时间

1 小时

任务

在生产中，你将碰到多种印刷问题。检查你的印刷质量。

包含三个独立练习。

不要自行退出模拟器。当完成练习并印刷出好的印品时，系统会立即询问是否退出。

1. 工作要点

印刷模拟工作虽然在印刷媒体技术项目中的分数占比不多，但近 5 届比赛均有涉及，往往较容易被选手忽视。该工作的要点主要有三方面，首先是要完成题目，其次是每道题目完成的总费用，最后是完成每道题目的用时。其中完成题目需要选手通过大量的练习来熟悉题库中各种问题的解决方法，若要想做到高效、快速地完成，则需要选手不断总结各种问题的最优解决办法。

2. 工作方法

在技术人员指导下进入选题界面，按序开始答题。每完成一道题目后应示意裁判，需要注意的是，若无法完成该道题目，自行退出跳至下一道题目是无法倒回重新答题的。

（七）其他

以下为第 43 届世界技能大赛印刷媒体技术项目附加任务模块的“海报”工作，该工作类型在近 5 届世界技能大赛中仅出现过一次。

任务 8　4/0 两次印刷

模块 D/ 附加任务

描述

这是一个胶印工作，包含两次印刷，在一台双色印刷机上分 2 天印刷一个 4/0 产品。每次印刷时，选手需安装印版，高效率、高质量地进行套准和印刷机预设，保存所需数量的印品。清洁印刷单元（使用自动程序清洁墨辊、印版、橡皮布和压印滚筒）。

工作	**在双色印刷机上印刷 4/0**
印品数量	250 张
纸张总量	500 张
色彩	4/0 – CMYK
纸张尺寸	320mm×450mm

纸张	150g/m² 高光涂布纸
油墨	第一次印刷 C+M 第二次印刷 Y+K
机器（印刷机）	海德堡速霸 52－4
工作状态	提供胶印印版 目标密度数值在印刷机上提供
工作总时间	每次印刷 1 小时——**不允许超时**
印刷中	**第一次印刷** 选手需进行色彩调节，提交一张签字的 OK 样给裁判，并停止印刷机。将校版纸交给技术人员。计数器归 0，使用空的收纸台板进行生产。 选手生产至第 200±50 张时，最少抽样 1 张用于评判。在确认 1 张抽样样张的质量后立即交给裁判进行色彩扫描。 在第二次印刷时技术人员会发放（第一次印刷时使用的）校版纸。
印刷后	选手将收纸台板从印刷机上移出并换上空的收纸台板。 选手将印版留在印刷机内。

第 43 届世界技能大赛印刷媒体技术项目附加任务模块的“四色海报分 2 次印刷”产品如图 3-18 所示。

1. 工作要点

从《测试项目》中可以看出，该工作是将一个四色产品分成 2 天（每天印刷 2 个颜色）来印刷，因此最终印品的套准不是一次性完成的，而需要分成 2 天来完成，这是该工作与四色产品印刷工作的最大不同之处，其余工作重点与常规四色产品印刷基本一致。

图 3-18　第 43 届世界技能大赛印刷媒体技术项目附加任务模块的“四色海报分 2 次印刷”产品

2. 工作方法

本工作方法可完全参照四色产品印刷。对于印品套准，只需在第一天正式生产时较《测试项目》印品数量要求多印制 30 张，在第二天工作时，除常规校版纸外，这 30 张已经印好两色的印品同样可作为套准最终调节的校版纸来使用，通过该方式，就可以解决一个产品分 2 日印刷的套准问题。

第四章

印刷媒体技术项目的评判方法

第一节　评判方式分类

一、《评判方案》

世界技能大赛印刷媒体技术项目的评判核心依据为《评判方案》（*Marking Scheme*），在各项目的《技术描述》文件中对《评判方案》的开发过程及方法进行了规定。第 45 届世界技能大赛印刷媒体技术项目的《评判方案》（部分）如图 4-1 所示。

worldskills Kazan2019

Marking Form

WorldSkills Kazan 2019

worldskills

Skill	11 - Print Media Technology
Sub Criterion	A1 - Initial setup of offset press & process control - task 1
Competitor	
Marking Team	
Competition Day	1　Marking Scheme Lock ______　Mark Entry Lock ______

JUDGEMENT MARKING

Aspect ID	Max Mark	Aspect of Sub Criterion - description	Expert Score (0 to 3)	Mark Awarded
J1	2.00	Analysis of initial feeder and infeed table set-up 0 - Competitor had no indication of what to do to solve problem 1 - Competitor nearly solved the problem but ran out of time due to excessive trial and error 2 - Competitor solved the problem on time but did not take the best path to solve the problem 3 - Competitor solved the problem and displayed confidence and knowledge in the process		
J2	2.00	Delivery pile is suitable for following phases 0 - Below industry standard - many sheets sticking out, too much, or too little spray powder 1 - Acceptable to industry standard but will require some rework - more than 3 sheets out, spray powder correct 2 - Meets industry standard - no more than 3 sheets out of line correct spray powder 3 - Exceeds industry standard - perfect stack and operator did something beyond standard, i.e., mark side guide, label, give count info, date time name		

MEASUREMENT MARKING

Aspect ID	Max Mark	Aspect of Sub Criterion - description	Requirement	Result or Actual Value	Mark Awarded
M1	1.00	Task complete with no machine stops 0-1 stop = 1.00, 2 stops = 0.50, 3 or more stops = 0.00 marks	nr of stops		
M2	1.00	Task completed target speed of 12,000 SPH Target 12,000 SPH >= 1,0 mark each 11,000 - 11,999 SPH = deduction of 0,25 marks, 10,000 - 10,999 = deduction of 0,50 marks, 9,000 - 9,999 = deduction of 0,75 marks, <9,000 = 0,0 marks	Yes / No		
M3	1.00	Task completed at full speed of 15,000 SPH Full Speed 15,000 SPH = 1,0 marks	Yes / No		
M4	0.50	Deliver a specific amount of sheets to delivery Number of good copies in counter after printing - as determined by counter 1	700 sheets		

Page 1 / 2

图 4-1　第 45 届世界技能大赛印刷媒体技术项目的《评判方案》（部分）

《评判方案》由评判标准（Criteria）、子标准（Sub Criterion）、评分类型（Aspect Type）、评分方面（Aspect）、额外方面（Extra Aspect）、需求（Requirement）、最大分值（Max Mark）等要素构成，如图 4-2 所示。

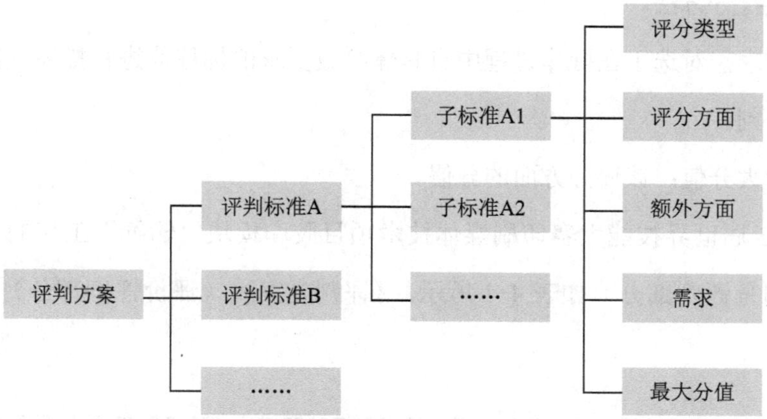

图 4-2　世界技能大赛《评判方案》的构成

①评判标准：《评判方案》可下设多个评判标准，世界技能组织规定评判标准按 A、B、C……依次进行编号。印刷媒体技术项目的评判标准根据项目模块设置，包含评判标准 A（胶印）、评判标准 B（数字印刷）、评判标准 C（附加任务）。

②子标准：每个评判标准又下设多个子标准，世界技能组织规定子标准按对应评判标准编号后加数字 1、2、3……依次进行编号。印刷媒体技术项目的子标准按照对应评判标准下包含的任务数量设置，如 2022 年世界技能大赛特别赛胶印模块为评判标准 A，该模块共包含“四色印刷操作”“飞达收纸设置”“四色印刷”三项工作，因此子标准 A1（调整过程控制）对应工作 1（四色印刷操作）、子标准 A2（印刷机初始设置）对应工作 2（飞达收纸设置）、子标准 A3（印品、时间、色彩套准、印刷机清洁）对应工作 3（四色印刷）。

③评分类型：按照世界技能组织规定，评分类型分为测量（Measurement）和评价（Judgement）两种，每个评分方面必须在测量或评价中选定一种。对于两种评分类型的介绍参见后续内容。

④评分方面：每个子标准下设的评分点，一般每个子标准下均包含多个测量和评价评分方面。

⑤额外方面：对每个评分方面（评分点）的额外描述，细化每个评分点的具体要求或打分方法。

⑥需求：对选手在操作过程中有具体参数要求的标称值进行描述，需求适用于测量评判。

⑦最大分值：该评分方面的分值。

第 45 届世界技能大赛印刷媒体技术项目胶印模块“输纸”工作的《评判方案》（测量评判部分）如表 4-1 所示，《评判方案》（评价评判部分）如表 4-2 所示。

表 4-1　第 45 届世界技能大赛印刷媒体技术项目胶印模块“输纸”工作的《评判方案》（测量评判部分）

子标准编号	子标准名称	评分类型	评分方面（评分点）	评价等级	额外方面	需求	最大分值
A1	胶印机初始设置和过程控制——任务 1	M	印刷机无停机地完成任务		0 ～ 1 次停机为 1 分，2 次停机为 0.5 分，3 次或以上停机为 0 分	停机次数	1.00
		M	以 12000 张 / 时的速度完成任务		每小时速度 ≥ 12000 为 1 分，11000 ～ 11999 扣 0.25 分，10000 ～ 10999 扣 0.5 分，9000 ～ 9999 扣 0.75 分，< 9000 为 0 分	是 / 否	1.00
		M	以 15000 张 / 时的速度完成任务		使用 15000 张 / 时的速度为 1 分	是 / 否	1.00
		M	输送规定数量的纸张		印刷完成后计数器上的印张数量——以计数器 1 为准	700 张	0.50
		M	减少浪费		若达到印刷数量，飞达上每张未印刷的纸张得 0.01 分（例如，100 张 =0.5 分）	纸张数量	0.50
		M	工作完成的总时间		记录用时。最快完成工作为满分，按照最快到最慢排序，超过 50 分钟为 0 分	根据用时	1.00

注：M=Measurement。

表 4-2 第 45 届世界技能大赛印刷媒体技术项目胶印模块“输纸”工作的《评判方案》（评价评判部分）

子标准编号	子标准名称	评分类型	评分方面（评分点）	评价等级	额外方面	需求	最大分值
A1	胶印机初始设置和过程控制——任务 1	J	飞达初始设置和输纸台设置	0	选手不知道如何解决问题		2.00
				1	选手几乎解决问题，但因为方法错误导致超时		
				2	选手解决问题，但没有使用最佳方法		
				3	选手解决问题，在过程中展现出自信和专业		
		J	收纸堆适用于后续工序	0	低于工业标准，多张纸超出		2.00
				1	可接受的工业标准，但需要再加工——多余 3 张纸超出		
				2	达到工业标准——少于 3 张纸超出		
				3	超越工业标准——收纸整齐，做出超出标准的操作（如标记侧规等）		

注：J=Judgement。

二、主观与客观评判

在第 42、第 43 届世界技能大赛印刷媒体技术项目中，评分类型采用客观分（Objective）和主观分（Subjective）两种类型，在《评判方案》中分别以 O 和 S 表示。第 43 届世界技能大赛前印刷媒体技术项目始终使用 100% 客观分的形式进行评判，并未设置主观分，如表 4-3、表 4-4 所示。

表 4-3 第 42 届世界技能大赛印刷媒体技术项目各模块配分

模块	模块内容	配分		
		客观分	主观分	小计
A	胶印	60	0	60
B	数字印刷	10	0	10

（续表）

模块	模块内容	配分		
		客观分	主观分	小计
C	维护保养	10	0	10
D	附加任务	20	0	20
合计		100	0	100

表 4-4　第 43 届世界技能大赛印刷媒体技术项目各模块配分

模块	模块内容	配分		
		客观分	主观分	小计
A	胶印	58.5	0.0	58.5
B	数字印刷	11.5	0.0	11.5
C	维护保养	8.0	0.0	8.0
D	附加任务	22.0	0.0	22.0
合计		100.0	0.0	100.0

例 1：表 4-5 列出了第 42 届世界技能大赛印刷媒体技术项目胶印模块“海报 2”工作中，对于印刷机清洁的评分方面（评分点）。

表 4-5　第 42 届世界技能大赛印刷媒体技术项目胶印模块“海报 2”工作的评判子标准（部分）——印刷机清洁评分方面（评分点）

评分类型	评分方面（评分点）	额外方面	需求	最大分值
O	清洁 4 个刮刀（勿取出）	每个未清洁单元扣 0.25 分，超过 2 个为 0 分	是 / 否	0.50
O	使用自动程序清洁印刷单元、印版、橡皮布和压印滚筒	每个未清洁滚筒扣 0.25 分，超过 2 个为 0 分	是 / 否	0.50
O	在清洁和接触化学品时使用手套，废物丢弃正确	是为 0.5 分，每个错误扣 0.25 分	是 / 否	0.50

例 2：表 4-6 列出了第 43 届世界技能大赛印刷媒体技术项目胶印模块“海

报”工作中，对于工作区域清洁整理的评分方面（评分点）。

表 4-6　第 43 届世界技能大赛印刷媒体技术项目胶印模块“海报”工作的评判子标准（部分）——工作区域清洁整理评分方面（评分点）

评分类型	评分方面（评分点）	额外方面	需求	最大分值
O	根据安全流程清洁工作区域	清洁印刷中心，按照标准整理环境，如瓶子、设备和工具（根据提供给你的标准工作台）	是 / 否	0.50
		使用正确的方式丢弃废物（每一项遗漏扣 0.2 分）		
		清洁和接触化学品时使用手套、护目镜		

例 3：表 4-7 列出了第 43 届世界技能大赛印刷媒体技术项目胶印模块“海报”工作中，对于印刷机清洁的评分方面（评分点）。

表 4-7　第 43 届世界技能大赛印刷媒体技术项目胶印模块“海报”工作的评判子标准（部分）——印刷机清洁评分方面（评分点）

评分类型	评分方面（评分点）	额外方面	需求	最大分值
O	使用自动程序清洁，以及完成需求印量的总时间	最快为满分，每向后一个次序扣 0.1 分	根据排序	1.00
		未按时完成工作为 0 分		
		根据施工单，使用自动程序清洁印刷机（墨辊、印版、压印滚筒、橡皮布）		

从以上评分方面（评分点）的案例可以看出，采用 100% 客观分的优点是每个评分方面（评分点）均依据客观量化标准进行评判，评判尺度统一，不同选手的分数不因各工位执裁专家的个人喜好而产生偏差，但在实施过程中纯客观形式的评分也存在着很大的局限性。如上述三个案例均未对清洁整理效果进行评判，而全部着眼于选手是否做了某个动作和动作有无遗漏等。正是由于这种评分类型，在赛场上出现了清洁效果很优秀的选手和只做了清洁工作的选手得分一致，

或者做了设备、工作区域所有物品清洁的选手和只做了子标准中提到物品的清洁的选手得分一致的情况。清洁效果是清洁工作的最终目的，而客观评判无法对效果进行较完善的量化描述，以致形成了印刷媒体技术项目评判体系的“先天短板”。

事实上，在第44届世界技能大赛前，清洁工作只是本项目评判体系的“先天短板”之一。在第43届世界技能大赛中出现过选手的OK样存在严重干版故障，但在《评判方案》中并无对印品表面质量的描述，因此选手提交的OK样从行业角度来看虽为废品，但依旧可以按照密度、套准等进行评判，甚至获得高分的情况。此外，胶印中收纸整齐与否直接影响到后工序，也因无法制定量化的收纸标准，该内容也一直未作为印刷媒体技术项目的评分方面（评分点）。

三、测量与评价评判

鉴于上述评判情况的出现，印刷媒体技术项目于第44届世界技能大赛开始对《评判方案》做出了重大调整，即引入了测量（Measurement）和评价（Judgement）两种评分类型，其中测量和之前的客观分类似，评价则是一种“有标准”的“主观”评判，并非单纯依靠个人喜好来打分，这就从根本上弥补了本项目评判的“先天短板”，如表4-8、表4-9、表4-10所示。

表4-8　第44届世界技能大赛印刷媒体技术项目各模块配分

模块	模块内容	配分		
		测量分	评价分	小计
A	胶印	50.5	9.5	60.0
B	数字印刷	10.0	0.0	10.0
C	附加任务	24.0	6.0	30.0
合计		84.5	15.5	100.0

表 4-9　第 45 届世界技能大赛印刷媒体技术项目各模块配分

模块	模块内容	配分		
		测量分	评价分	小计
A	胶印	29.25	10.75	40.00
B	数字印刷	23.00	7.00	30.00
C	附加任务	27.00	3.00	30.00
合计		79.25	20.75	100.00

表 4-10　2022 年世界技能大赛特别赛印刷媒体技术项目各模块配分

模块	模块内容	配分		
		测量分	评价分	小计
A	胶印	28.25	10.75	39.00
B	数字印刷	25.00	11.00	36.00
C	附加任务	19.00	6.00	25.00
合计		72.25	27.75	100.00

由于印刷媒体技术项目自身的技术和设备特征，大部分评分方面（评分点）均可使用测量分进行评判。随着项目的不断发展，近 3 届世界技能大赛中《评价方案》的最显著变化是评价分的占比逐届大幅上升，该种变化趋势的主要出发点是本项目在维持产品质量为主体评判内容的前提下，更加注重选手的工作思路和操作方法的合理性，在优秀选手均能完成《测试项目》中描述的工作时，通过评价分来评出最优秀的选手。

第二节　测量评判

一、测量评判分类

测量评判，顾名思义就是使用测量数据的方式进行客观评判，在印刷媒体技术项目中并不是只有包含可测量的参数的工作使用该种评分方式，事实上所有客观存在的工作内容均可采用测量评判进行打分，因此可将印刷媒体技术项目中测量评判的应用分为以下几种类型。

①使用专用仪器测量的参数；

②使用工具测量的参数；

③通过设备读取的参数；

④观察到的操作、数据、标记等。

二、测量评判案例

（一）使用专用仪器测量的参数

1. 四色套准

表 4-11 列出了在 2022 年世界技能大赛特别赛印刷媒体技术项目胶印模块“四色印刷操作”工作中，对四色套准的评分方面（评分点）。

表 4-11　2022 年世界技能大赛特别赛印刷媒体技术项目胶印模块“四色印刷操作”工作的评判子标准（部分）——四色套准评分方面（评分点）

评分类型	评分方面（评分点）	额外方面	需求	最大分值
M	色彩套准——操作面	最佳套准为满分，排序每向后一位扣 0.15 分	根据排序	0.50
M	色彩套准——驱动面	最佳套准为满分，排序每向后一位扣 0.15 分	根据排序	0.50

对于胶印四色套准的参数，执裁专家在选手工作结束后会使用 iRegister 软件进行测量并根据从小到大的排序进行评分。iRegister 套准测量软件如图 4-3 所示。

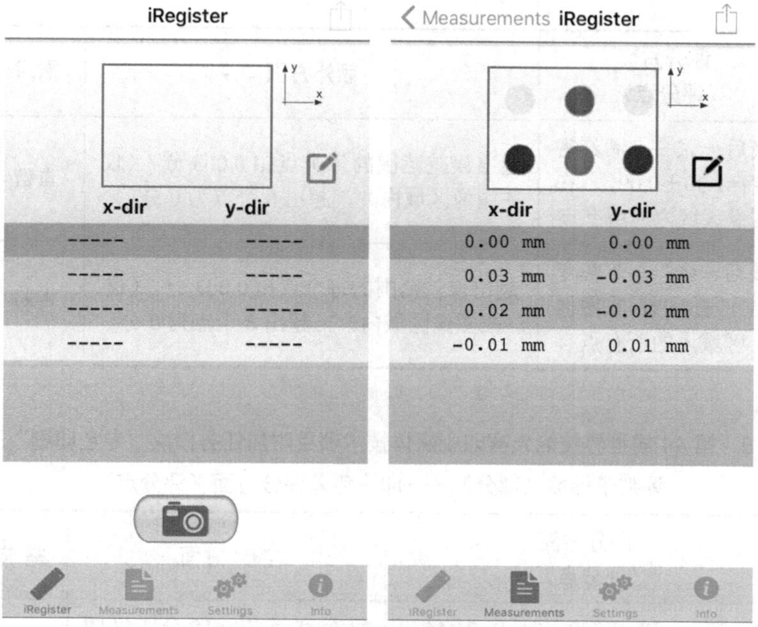

图 4-3　iRegister 套准测量软件

2. 印刷密度和色彩

表 4-12 列出了在 2022 年世界技能大赛特别赛印刷媒体技术项目胶印模块"四色印刷操作"工作中，对印刷密度的评分方面（评分点）。表 4-13 列出了在第 44 届世界技能大赛印刷媒体技术项目附加任务模块"专色印刷"工作中，对印刷色差的评分方面（评分点）。

表 4-12　2022 年世界技能大赛特别赛印刷媒体技术项目胶印模块"四色印刷操作"工作的评判子标准——印刷密度评分方面（评分点）

评分类型	评分方面（评分点）	额外方面	需求	最大分值
M	最后一张——黑密度 =1.60±0.12，在图像区域内的所有点	超出误差范围的每个点扣 0.063 分 /（仅在图像区域内），超出 8 个点为 0 分	点数	0.50
M	最后一张——青密度 =1.30±0.09，在图像区域内的所有点	超出误差范围的每个点扣 0.063 分 /（仅在图像区域内），超出 8 个点为 0 分	点数	0.50

（续表）

评分类型	评分方面（评分点）	额外方面	需求	最大分值
M	最后一张——品红密度 =1.30±0.09，在图像区域内的所有点	超出误差范围的每个点扣 0.063 分 /（仅在图像区域内），超出 8 个点为 0 分	点数	0.50
M	最后一张——黄密度 =1.15±0.09，在图像区域内的所有点	超出误差范围的每个点扣 0.063 分 /（仅在图像区域内），超出 8 个点为 0 分	点数	0.50

表 4-13　第 44 届世界技能大赛印刷媒体技术项目附加任务模块“专色印刷”工作的评判子标准（部分）——印刷色差评分方面（评分点）

评分类型	评分方面（评分点）	额外方面	需求	最大分值
M	OK 样——PMS 302 达到 L=21.44，a=-12.88，b=-28.76，图像区域内的所有点，绿色 ΔE=0～2，黄色 ΔE= 2.01～5，红色 ΔE＞5	每个红点扣 0.15 分（仅图像区域内），每个黄点扣 0.10 分（仅图像区域内），超出 10 个红点为 0 分	点数	1.00
M	OK 样——PMS 375 达到 L=73.09，a=-40.55，b=76.24，图像区域内的所有点，绿色 ΔE=0～2，黄色 ΔE= 2.01～5，红色 ΔE＞5	每个红点扣 0.15 分（仅图像区域内），每个黄点扣 0.10 分（仅图像区域内），超出 10 个红点为 0 分	点数	1.00

对于印刷密度和色彩的参数，执裁专家在选手工作结束后会使用印刷色彩扫描系统或分光光度仪测量密度和色差的达标点数以进行评分。x-rite Intellitrax 印刷色彩扫描系统如图 4-4 所示。

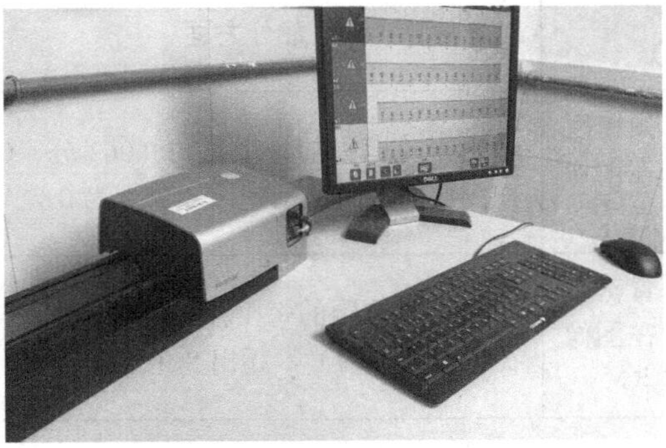

图 4-4　x-rite Intellitrax 印刷色彩扫描系统

3. 调墨色差

表 4-14 列出了在 2022 年世界技能大赛特别赛印刷媒体技术项目附加任务模块“调墨 1”工作中，对调墨色差的评分方面（评分点）。表 4-15 列出了在第 45 届世界技能大赛印刷媒体技术项目附加任务模块“调墨”工作中，对调墨色差的评分方面（评分点）。

表 4-14　2022 年世界技能大赛特别赛印刷媒体技术项目附加任务模块“调墨 1”工作的评判子标准（部分）——调墨色差评分方面（评分点）

评分类型	评分方面（评分点）	额外方面	需求	最大分值
M	最佳 ΔE	最佳 ΔE ≤ 0.99 为满分，1 ≤ ΔE ≤ 1.99 为 0.75 分，2 ≤ ΔE ≤ 2.99 为 0.5 分，3 ≤ ΔE ≤ 3.5 为 0.25 分，ΔE > 3.5 为 0 分	范围	1.50

表 4-15　第 45 届世界技能大赛印刷媒体技术项目附加任务模块“调墨”工作的评判子标准（部分）——调墨色差评分方面（评分点）

评分类型	评分方面（评分点）	额外方面	需求	最大分值
M	与样张匹配的最佳 ΔE	最小 ΔE 为满分，最大 ΔE 为 0 分，ΔE > 50 为 0 分	根据排序	1.00

对于调墨色差的参数，执裁专家根据选手（或专家）使用的分光光度仪的测量数据范围或排序进行评分。x-rite eXact 分光光度仪如图 4-5 所示。

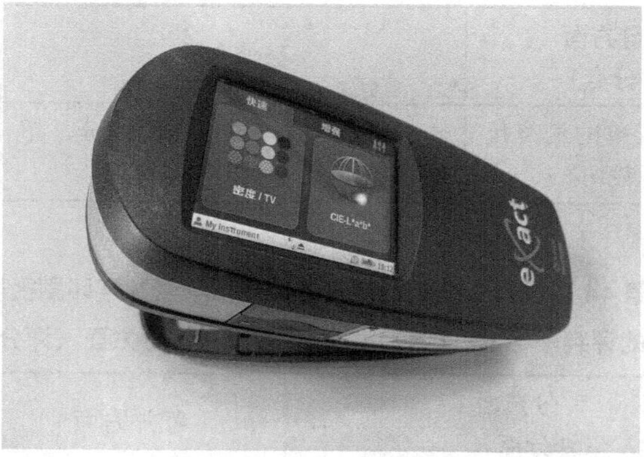

图 4-5　x-rite eXact 分光光度仪

（二）使用工具测量的参数

1. 调墨重量

表 4-16 列出了在 2022 年世界技能大赛特别赛印刷媒体技术项目附加任务模块“调墨 1”工作中，对调墨重量的评分方面（评分点）。

表 4-16 2022 年世界技能大赛特别赛印刷媒体技术项目附加任务模块“调墨 1”工作评判子标准（部分）——调墨重量评分方面（评分点）

评分类型	评分方面（评分点）	额外方面	需求	最大分值
M	容器中调配的油墨总重量	调配规定重量的潘通油墨，在专家的监督下将工作台上所有调配的油墨装入容器中	±10g	1.00

对于调墨重量，执裁专家在选手工作结束后将使用电子秤称量并根据误差范围进行评分。

2. 成品尺寸

表 4-17 列出了在第 45 届世界技能大赛印刷媒体技术项目附加任务模块“裁切 1”工作中，对成品尺寸的评分方面（评分点）。表 4-18 列出了在第 44 届世界技能大赛印刷媒体技术项目数字印刷模块“席卡”工作中，对成品尺寸的评分方面（评分点）。

表 4-17 第 45 届世界技能大赛印刷媒体技术项目附加任务模块“裁切 1”工作的评判子标准（部分）——成品尺寸评分方面（评分点）

评分类型	评分方面（评分点）	额外方面	需求	最大分值
M	根据施工单的最终尺寸（进行裁切）	±0.5mm，误差范围内为满分，超过误差范围为 0 分	是 / 否	0.50

表 4-18 第 44 届世界技能大赛印刷媒体技术项目数字印刷模块“席卡”工作的评判子标准（部分）——成品尺寸评分方面（评分点）

评分类型	评分方面（评分点）	额外方面	需求	最大分值
M	根据施工单的最终尺寸（进行印刷）	是为 0.5 分，否为 0 分	是 / 否	0.50

对于裁切和数字印刷成品尺寸，执裁专家在选手工作结束后将使用直尺测量并根据误差范围进行评分。

3. 水墨辊压力

表 4-19 列出了在第 44 届世界技能大赛印刷媒体技术项目附加任务模块“维护保养”工作中，对墨辊压力的评分方面（评分点）。

表 4-19 第 44 届世界技能大赛印刷媒体技术项目附加任务模块“维护保养”工作的评判子标准（部分）——墨辊压力评分方面（评分点）

评分类型	评分方面（评分点）	额外方面	需求	最大分值
M	调整 1 号着墨辊与印版的压痕为 3mm（±0.5mm）	两端压痕正确为 0.5 分，一端压痕正确为 0.25 分，0 端压痕正确为 0 分	测量两端是 / 否	0.50

对于维护保养的水墨辊压力调校，执裁专家在选手工作结束后将使用压痕比对卡测量压痕宽度并根据误差范围进行评分。墨辊压痕比对卡如图 4-6 所示。

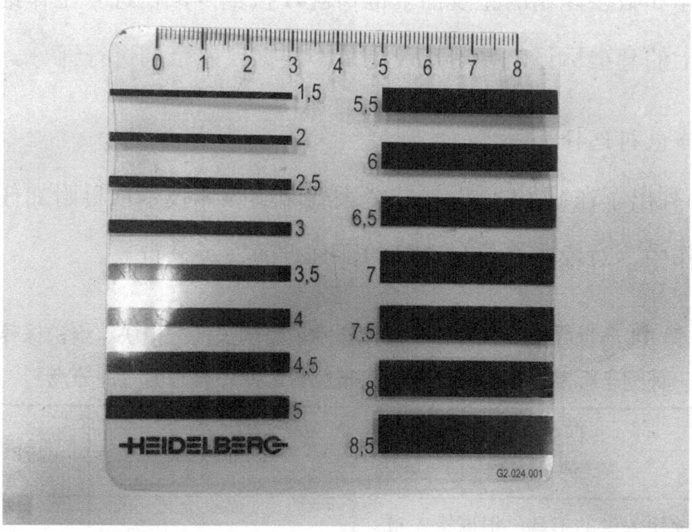

图 4-6 墨辊压痕比对卡

4. 正反面套准

表 4-20 列出了在第 44 届世界技能大赛印刷媒体技术项目胶印模块“明信

片”工作中，对正反面套准的评分方面（评分点）。表 4–21 列出了在第 45 届世界技能大赛印刷媒体技术项目数字印刷模块“工业流程和数字文件印刷”工作中，对正反面套准的评分方面（评分点）。

表 4–20　第 44 届世界技能大赛印刷媒体技术项目胶印模块“明信片”工作的评判子标准（部分）——正反面套准评分方面（评分点）

评分类型	评分方面（评分点）	额外方面	需求	最大分值
M	正反面套准	是为 0.5 分，否为 0 分	±0.5mm	0.50

表 4–21　第 45 届世界技能大赛印刷媒体技术项目数字印刷模块“工业流程和数字文件印刷”工作的评判子标准（部分）——正反面套准评分方面（评分点）

评分类型	评分方面（评分点）	额外方面	需求	最大分值
M	正面印张和反面印张重合，每个角 ±0.6mm	在误差范围内满分，超出误差范围 0 分	是 / 否	0.50

对于胶印和数字印刷的正反面套准情况，执裁专家在选手工作结束后将用刀片划开印品上的套准标记，并用直尺测量，根据误差范围进行评分。

5. 橡皮布包衬选择

表 4–22 列出了在第 44 届世界技能大赛印刷媒体技术项目附加任务模块“维护保养”工作中，对橡皮布包衬选择的评分方面（评分点）。

表 4–22　第 44 届世界技能大赛印刷媒体技术项目附加任务模块“维护保养”工作的评判子标准（部分）——橡皮布包衬选择评分方面（评分点）

评分类型	评分方面（评分点）	额外方面	需求	最大分值
M	使用提供的工具，根据橡皮布厚度选择正确的橡皮布包衬（3mm±0.5mm）	是为 0.5 分，否为 0 分	是 / 否	0.50

对于维护保养中的橡皮布包衬选择，执裁专家在选手工作结束后将使用千分尺测量包衬厚度参数并根据误差范围要求进行评分。

6. 工作时间

表 4-23 列出了在第 45 届世界技能大赛印刷媒体技术项目胶印模块“输纸”工作中，对工作时间的评分方面（评分点）。

表 4-23 第 45 届世界技能大赛印刷媒体技术项目胶印模块“输纸”工作的评判子标准（部分）——工作时间评分方面（评分点）

评分类型	评分方面（评分点）	额外方面	需求	最大分值
M	完成任务总时间	记录时间，最快完成任务为满分，时间由快到慢排序，超过 50 分钟为 0 分	根据用时	1.00

对于大部分工作的工作时间，执裁专家和选手各使用一个计时器同时计时，工作时间截止立即停止工作，若工作完成，按计时器上的时间排序进行评分。

（三）通过设备读取的参数

1. 印品数量（胶印）

表 4-24 列出了在 2022 年世界技能大赛特别赛印刷媒体技术项目胶印模块“四色印刷”工作中，对印品数量的评分方面（评分点）。

表 4-24 2022 年世界技能大赛特别赛印刷媒体技术项目胶印模块“四色印刷”工作的评判子标准（部分）——印品数量评分方面（评分点）

评分类型	评分方面（评分点）	额外方面	需求	最大分值
M	印刷规定数量的印品（700 张）	是为 0.5 分，否为 0 分	是 / 否	0.50

对于胶印印品数量，执裁专家在选手工作过程中观察选手在印刷机计数器中的最终参数进行评分。

2. 印刷（输纸）速度

表 4-25 列出了在第 45 届世界技能大赛印刷媒体技术项目胶印模块“输纸”工作中，对印刷速度的评分方面（评分点）。

表 4-25 第 45 届世界技能大赛印刷媒体技术项目胶印模块“输纸”工作的评判子标准（部分）——印刷速度评分方面（评分点）

评分类型	评分方面（评分点）	额外方面	需求	最大分值
M	以 12000 张 / 时的速度完成工作	速度 ≥ 12000 张 / 时为 1 分，速度为 11000 ～ 11999 张 / 时扣 0.25 分，速度为 10000 ～ 10999 张 / 时扣 0.5 分，速度为 9000 ～ 9999 张 / 时扣 0.75 分，速度 < 9000 张 / 时为 0 分	是 / 否	1.00
M	以 15000 张 / 时的最大速度完成工作	最大速度 15000 张 / 时为 1 分	是 / 否	1.00

对于印刷或输纸速度，执裁专家在选手工作过程中观察选手在印刷机控制界面的设定参数进行评分。

3. 裁切编程

表 4-26 列出了在第 45 届世界技能大赛印刷媒体技术项目附加任务模块“裁切 1”工作中，对裁切编程的评分方面（评分点）。

表 4-26 第 45 届世界技能大赛印刷媒体技术项目附加任务模块“裁切 1”工作的评判子标准（部分）——裁切编程评分方面（评分点）

评分类型	评分方面（评分点）	额外方面	需求	最大分值
M	选手成功使用程序	卡片裁切至规定尺寸	是 / 否	0.50

对于裁切时的程序编写，执裁专家在选手裁切后调出裁切机中选手编写存储的程序进行评分。

4. 印刷模拟费用

表 4-27 列出了在 2022 年世界技能大赛特别赛印刷媒体技术项目附加任务模块“印刷模拟 1”工作中，对印刷模拟费用的评分方面（评分点）。

表 4-27　2022 年世界技能大赛特别赛印刷媒体技术项目附加任务模块“印刷模拟 1”工作的评判子标准（部分）——印刷模拟费用评分方面（评分点）

评分类型	评分方面（评分点）	额外方面	需求	最大分值
M	印刷模拟费用	总费用最低为满分，排序每向后一位扣 0.1 分	根据 SINAPSE 排序	0.75

对于印刷模拟费用，执裁专家在选手工作结束后调出后台记录数据进行评分。

（四）观察到的操作、数据、标记等

1. 观察到的操作

（1）更换侧规

表 4-28 列出了在第 44 届世界技能大赛印刷媒体技术项目胶印模块“明信片”工作中，对更换侧规的评分方面（评分点）。

表 4-28　第 44 届世界技能大赛印刷媒体技术项目胶印模块“明信片”工作的评判子标准（部分）——更换侧规评分方面（评分点）

评分类型	评分方面（评分点）	额外方面	需求	最大分值
M	第二次印刷时更换侧规	侧规更换为 0.5 分	是 / 否	0.50

对于胶印双面产品第二面印刷时更换侧规，执裁专家在选手工作过程中观察选手有无该操作进行评分。

（2）部件安装

表 4-29 列出了在第 44 届世界技能大赛印刷媒体技术项目附加任务模块“维护保养”工作中，对部件安装的评分方面（评分点）。

表 4-29　第 44 届世界技能大赛印刷媒体技术项目附加任务模块“维护保养”工作的评判子标准（部分）——部件安装评分方面（评分点）

评分类型	评分方面（评分点）	额外方面	需求	最大分值
M	在印刷机上安装橡皮布、包衬、4 号着墨辊	是为 0.5 分，否为 0 分	是 / 否	0.50

对于在印刷机上安装任何部件，执裁专家在选手安装过程中观察安装效果进行评分。

（3）设备故障排除

表 4-30 列出了在第 45 届世界技能大赛印刷媒体技术项目附加任务模块“故障排除 + 专色印刷”工作中，对故障排除的评分方面（评分点）。

表 4-30　第 45 届世界技能大赛印刷媒体技术项目附加任务模块“故障排除 + 专色印刷”工作的评判子标准（部分）——故障排除评分方面（评分点）

评分类型	评分方面（评分点）	额外方面	需求	最大分值
M	选手排除故障 1	是为 0.5 分，否为 0 分	是 / 否	0.50
M	选手排除故障 2	是为 0.5 分，否为 0 分	是 / 否	0.50
M	选手排除故障 3	是为 0.5 分，否为 0 分	是 / 否	0.50
M	选手排除故障 4	是为 0.5 分，否为 0 分	是 / 否	0.50

对于印刷机故障排除，执裁专家在选手工作过程中观察选手故障排除的效果进行评分。

（4）色彩校正

表 4-31 列出了在 2022 年世界技能大赛特别赛印刷媒体技术项目数字印刷模块“宣传册”工作中，对色彩校正的评分方面（评分点）。

表 4-31　2022 年世界技能大赛特别赛印刷媒体技术项目数字印刷模块“宣传册”工作的评判子标准（部分）——色彩校正评分方面（评分点）

评分类型	评分方面（评分点）	额外方面	需求	最大分值
M	使用正确的方法完成色彩校正并保存文件	是为 1 分，否为 0 分	是 / 否	1.00

对于数字印刷机色彩校正，执裁专家在选手工作过程中观察选手有无该操作并结合校正页进行评分。

（5）书册装订

表 4-32 列出了在 2022 年世界技能大赛特别赛印刷媒体技术项目数字印刷模块“宣传册”工作中，对书册装订的评分方面（评分点）。

表 4-32 2022 年世界技能大赛特别赛印刷媒体技术项目数字印刷模块“宣传册”工作的评判子标准（部分）——书册装订评分方面（评分点）

评分类型	评分方面（评分点）	额外方面	需求	最大分值
M	骑马订位置	在装订位置骑马订，完美为 0.25 分，任何与标准不符为 0 分	是 / 否	0.25

对于数字印刷骑马订，执裁专家在选手工作过程中观察选手有无该操作并结合印品进行评分。

（6）刀压调整

表 4-33 列出了在 2022 年世界技能大赛特别赛印刷媒体技术项目数字印刷模块“大幅面数字印刷 2”工作中，对刀压调整的评分方面（评分点）。

表 4-33 2022 年世界技能大赛特别赛印刷媒体技术项目数字印刷模块“大幅面数字印刷 2”工作的评判子标准（部分）——刀压调整评分方面（评分点）

评分类型	评分方面（评分点）	额外方面	需求	最大分值
M	进行模切刀检查并调整	模切刀切口清晰但未穿透印品	是 / 否	0.75

对于喷绘模切刀压调教，执裁专家在选手工作过程中观察选手有无该操作并结合印品上的标记进行评分。

2. 观察到的数据

（1）（数字印刷）印品或（胶印）纸张节省数量

表 4-34 列出了在第 45 届世界技能大赛印刷媒体技术项目数字印刷模块“拼版和数字文件印刷”工作中，对印品数量的评分方面（评分点）。表 4-35 列出了在第 45 届世界技能大赛印刷媒体技术项目胶印模块“海报”工作中，对纸张

节省数量的评分方面（评分点）。

表 4-34 第 45 届世界技能大赛印刷媒体技术项目数字印刷模块“拼版和数字文件印刷”工作的评判子标准（部分）——印品数量评分方面（评分点）

评分类型	评分方面（评分点）	额外方面	需求	最大分值
M	名片印刷总数量	是为 0.5 分，否为 0 分，每少一张扣 0.1 分	缺失数量	0.50

表 4-35 第 45 届世界技能大赛印刷媒体技术项目胶印模块“海报”工作的评判子标准（部分）——纸张节省数量评分方面（评分点）

评分类型	评分方面（评分点）	额外方面	需求	最大分值
M	纸张节省	若规定印品数量完成，飞达中每张未印刷的纸张得 0.01 分（如 100 张剩余 =1 分）	纸张数量	1.00

对于（数字印刷）印品数量和（胶印）纸张节省数量，执裁专家在选手工作后将手工清点进行评分。

（2）图文编辑

表 4-36 列出了在第 44 届世界技能大赛印刷媒体技术项目数字印刷模块“席卡”工作中，对图文编辑的评分方面（评分点）。

表 4-36 第 44 届世界技能大赛印刷媒体技术项目数字印刷模块“席卡”工作的评判子标准（部分）——图文编辑评分方面（评分点）

评分类型	评分方面（评分点）	额外方面	需求	最大分值
M	选择正确的字体	是为 0.5 分，否为 0 分	是 / 否	0.50
M	选择正确的字号	是为 0.5 分，否为 0 分	是 / 否	0.50

对于数字印刷图文编辑，执裁专家在选手工作后查看印刷文件相关数据或将印品与标准样比对进行评分。

（3）页码页序

表 4-37 列出了在第 44 届世界技能大赛印刷媒体技术项目数字印刷模块“小册子 1”工作中，对页码页序的评分方面（评分点）。

表 4-37　第 44 届世界技能大赛印刷媒体技术项目数字印刷模块“小册子 1”工作的评判子标准（部分）——页码页序评分方面（评分点）

评分类型	评分方面（评分点）	额外方面	需求	最大分值
M	页码正确	是为 0.25 分，任何错误或未检查为 0 分	是 / 否	0.25

对于数字印刷页码页序，执裁专家在选手工作后查看印刷文件相关数据或将印品与标准样比对进行评分。

（4）文件命名

表 4-38 列出了在第 45 届世界技能大赛印刷媒体技术项目数字印刷模块“预飞和数字图像编辑”工作中，对文件命名的评分方面（评分点）。

表 4-38　第 45 届世界技能大赛印刷媒体技术项目数字印刷模块“预飞和数字图像编辑”工作的评判子标准（部分）——文件命名评分方面（评分点）

评分类型	评分方面（评分点）	额外方面	需求	最大分值
M	根据规定的名称保存文件	正确保存文件名称，任何错误为 0 分	是 / 否	0.25

对于数字印刷中的印刷文件命名，执裁专家在选手工作结束后查看电脑中的印刷文件进行评分。

（5）印刷停机

表 4-39 列出了在第 45 届世界技能大赛印刷媒体技术项目胶印模块“输纸”工作中，对印刷停机的评分方面（评分点）。

表 4-39　第 45 届世界技能大赛印刷媒体技术项目胶印模块“输纸”工作的评判子标准（部分）——印刷停机评分方面（评分点）

评分类型	评分方面（评分点）	额外方面	需求	最大分值
M	无停机完成工作	0～1 次停机为 1 分，2 次停机为 0.5 分，3 次或 3 次以上停机为 0 分	停机次数	1.00

对于胶印正式生产或正式输纸中的停机，执裁专家在选手工作过程中观察选手停机次数并记录以进行评分。

3. 观察到的标记

（1）标记定位端

表 4-40 列出了在第 44 届世界技能大赛印刷媒体技术项目胶印模块“盒子”工作中，对标记定位端的评分方面（评分点）。

表 4-40　第 44 届世界技能大赛印刷媒体技术项目胶印模块“盒子”工作的评判子标准（部分）——标记定位端评分方面（评分点）

评分类型	评分方面（评分点）	额外方面	需求	最大分值
M	印张的叼口和侧规被清晰标示	手工标示或在印版上标记均可见为 0.25 分	是 / 否	0.25

对于胶印产品标记定位端面，执裁专家在选手工作后观察印品叼口、侧规端是否有手工标示，或在印版上的标记转印至印品叼口、侧规纸边以进行评分。

（2）添加裁切线

表 4-41 列出了在 2022 年世界技能大赛特别赛印刷媒体技术项目数字印刷模块“宣传册”工作中，对添加裁切线的评分方面（评分点）。

表 4-41　2022 年世界技能大赛特别赛印刷媒体技术项目数字印刷模块“宣传册”工作的评判子标准（部分）——添加裁切线评分方面（评分点）

评分类型	评分方面（评分点）	额外方面	需求	最大分值
M	拼版时为所有页面添加裁切线	是为 0.5 分，否为 0 分	是 / 否	0.50

对于数字印刷产品添加裁切线，执裁专家在选手工作结束后观察印品进行评分。

（3）添加工作标签

表 4-42 列出了在第 44 届世界技能大赛印刷媒体技术项目数字印刷模块“小册子 1”工作中，对添加工作标签的评分方面（评分点）。

表 4-42 第 44 届世界技能大赛印刷媒体技术项目数字印刷模块“小册子 1”工作的评判子标准（部分）——添加工作标签评分方面（评分点）

评分类型	评分方面（评分点）	额外方面	需求	最大分值
M	根据施工单印刷工作标签	是为 0.5 分，否为 0 分	是 / 否	0.5

对于数字印刷产品添加工作标签，执裁专家在选手工作结束后观察印品进行评分。

（4）编制裁切计划

表 4-43 列出了在第 45 届世界技能大赛印刷媒体技术项目附加任务模块“裁切 2”工作中，对编制裁切计划的评分方面（评分点）。

表 4-43 第 45 届世界技能大赛印刷媒体技术项目附加任务模块“裁切 2”工作的评判子标准（部分）——编制裁切计划评分方面（评分点）

评分类型	评分方面（评分点）	额外方面	需求	最大分值
M	选手在印品上绘制裁切计划	与裁切计划相同	是 / 否	0.50

对于裁切时编制裁切计划，执裁专家在选手工作结束后查看选手绘制的裁切计划进行评分。

三、测量评判计分方法

印刷媒体技术项目中测量评判的常见计分方法有两种：按事实计分和按数值计分。

（一）按事实计分

按事实计分是印刷媒体技术项目测量评判时常用的计分方法，评判依据简单，即是或否，是得满分，否得 0 分，使用该种方法时选手不可能获得 0 分至满分之间的中间分值。按事实计分常用于执裁专家在选手工作中看到的客观事实，该事实一般无法以数据形式进行评判。按事实计分的案例如表 4-44 所示。

表 4-44 按事实计分的案例

评分方面（评分点）	评分依据
裁切编程	编写且使用（是）为满分，未编、编写但未使用（否）为 0 分
更换侧规	换了（是）为满分，未换（否）为 0 分
部件安装	全部正确安装（是）为满分，未装、漏装、错装（否）为 0 分
设备故障排除	全部正确排除（是）为满分，未排、漏排、错排（否）为 0 分
色彩校正	正确校正（是）为满分，未校正、无校正页（否）为 0 分
书册装订	正确装订（是）为满分，未装订、装订位置错误（否）为 0 分
刀压调整	正确调整（是）为满分，未调整、穿透印品、刀压过小（否）为 0 分
标记定位端	标记了（是）为满分，未标、漏标（否）为 0 分
添加裁切线	正确添加裁切线（是）为满分，无裁切线、位置错误（否）为 0 分
添加工作标签	有标签（是）为满分，无标签（否）为 0 分
编制裁切计划	绘制了（是）为满分，未绘制、遗漏、错绘（否）为 0 分

（二）按数值计分

按数值计分是印刷媒体技术项目最主要的计分方式，可分为按数值区间范围或唯一标准直接计分和按数值排序计分两种。

1. 按数值区间范围或唯一标准直接计分

采用按数值区间范围或唯一标准直接计分方法时，在《评判方案》中会描述具体的数值误差范围或唯一标准，执裁专家会通过仪器、工具测量，设备读取，观察最终印品等方式获取选手在工作中产生的数据，并按照《评判方案》给出相应分值。部分评分方面（评分点）存在数值区间划分，因此该种评分方法会出现选手获得 0 分至满分之间的中间分值的情况。按数值区间范围或唯一标准直接计分的案例如表 4-45 所示。

表 4-45　按数值区间范围或唯一标准直接计分的案例

评分方面（评分点）	评分依据
印刷密度	给定 CMYK 印刷密度误差范围，根据进入范围的测量点数量获得相应分数
印刷色彩	给定专色色差区间，根据进入对应区间的测量点数量获得相应分数
调墨色差	给定专色色差区间，根据进入区间获得相应分数
调墨重量	给定重量误差范围，进入范围为满分，超出范围为 0 分
成品尺寸	给定尺寸误差范围（裁切任务），进入范围为满分，超出范围为 0 分；未裁切印刷品尺寸一般无误差范围，尺寸正确为满分，错误为 0 分
水墨辊压力	给定压痕误差范围，进入范围为满分，超出范围为 0 分
正反面套准	给定套准误差范围，进入范围为满分，超出范围为 0 分
橡皮布包衬选择	给定包衬误差范围，进入范围为满分，超出范围为 0 分
印品数量（胶、数印）	给定印品数量唯一标准，达到、超过为满分，不足为 0 分
印刷（输纸）速度	给定速度区间，根据进入区间获得相应分数；给定速度唯一标准，达到、超过为满分，未达到为 0 分
（胶印）纸张节省数量	给定省纸数量标准，根据省纸数量获得相应分数
图文编辑	对照编辑参数唯一标准，正确为满分，错误为 0 分
页码页序	对照页码页序唯一标准，正确为满分，错误为 0 分
文件命名	对照命名唯一标准，正确为满分，错误为 0 分
印刷停机	给定停机次数区间，根据进入对应区间的数量获得相应分数

2. 按数值排序计分

采用按数值排序计分方法时，通常在《评判方案》中会对排序规则进行具体描述，执裁专家需在所有参赛选手均完成该任务后，参照排序规则先进行排序，再给出具体分值。在使用该种计分方法时通常只有一位选手可以获得满分，其他选手均获得 0 分至满分之间的中间分值或 0 分。按数值排序计分的案例如表 4-46 所示。

表 4-46　按数值排序计分的案例

评分方面（评分点）	评分依据
四色套准	按套准和由小到大进行排序，最小得满分，根据排序递减一定分数，递减至 0 分后的所有选手全部得 0 分
调墨色差	按色差由小到大进行排序，最小得满分，根据排序递减一定分数，递减至 0 分后的所有选手全部得 0 分
工作时间	按时间由少到多进行排序，最少得满分，根据排序递减一定分数，递减至 0 分后的所有选手全部得 0 分
印刷模拟费用	按费用由少到多进行排序，最少得满分，根据排序递减一定分数，递减至 0 分后的所有选手全部得 0 分

需要特别说明的是，在前述评判案例中，个别采用按数值排序计分的评分方面（评分点）未在《评判方案》中对排序后的得分规则进行描述，执裁专家只需对选手数据进行排序，不用评分。这是因为技能竞赛经理已将得分算法编入世界技能大赛评分系统 CIS 中，所以当选手排序名次录入 CIS 中后，系统会根据编入的算法自动计算选手得分。

通过上述内容可以看到，调墨色差在过往比赛中采用按数值区间范围或唯一标准直接计分和按数值排序计分两种方法。事实上在印刷媒体技术项目中，如四色套准、调墨重量等评分方面（评分点）两种计分方法均适用，具体可根据比赛需求选择。

第三节　评价评判

一、评价评判方式

印刷媒体技术项目在第44届世界技能大赛中正式引入评价评判方式，彻底弥补了单纯使用客观评判或测量评判造成的部分重要评分方面（评分点）无法进行评分的“先天短板”，同时评分方面（评分点）也呈现多元化发展趋势，更加与企业、行业需求贴近，在近3届世界技能大赛上，印刷媒体技术项目中评价评判分数的比例逐届上升。

世界技能组织在《竞赛规则》中对评价评判的评分方法做出了具体规定，即将每个评分方面（评分点）划分为4个等级。

0级——表现低于行业标准，包括未进行尝试；

1级——表现达到行业标准；

2级——表现达到行业标准，在一些方面超越了行业标准；

3级——达到了行业期望的完美或杰出表现。

评判时，由3位执裁专家使用“等级评定卡”（图4-7）同时针对该评分方面（评分点）进行等级评定，当3位专家评定的最大等级差大于1时，需重新评判。若3位专家评定的等级分别为1级、2级、2级，最大等级差为1，该评价评判有效。若3位专家评定的等级分别为1级、2级、3级，最大等级差为2，该评定无效，需重新评定。

图 4-7　世界技能大赛评价评判“等级评定卡”

如前所述，印刷媒体技术项目采用的评价评判是一种“有标准”的“主观”评判。每个评分方面（评分点）的具体行业标准各参赛国其实并不一致，如何界定“低于”“达到”“杰出”的边界，各执裁专家的理解也并不相同，这就体现了评价评判“主观”的特征。事实上，虽然在标准和理解方面存在差异，但在每日比赛前，当执裁专家拿到各自工位的《评判方案》后，都会对所有采用评价评判的评分方面（评分点）进行充分讨论，以使评判小组内所有成员形成一个基本共识，而不是随意根据自己的主观喜好进行评分，这也反映出了评价评判实际上是“有标准”的。该种“求大同，存小异”的做法，充分保留了评价评判是一种主观评判方式的初衷，每位执裁专家都可以有自己对选手操作的不同考量标准，同时又最大限度确保了每位执裁专家在大方向上的一致性，维护了比赛的公平性。

二、评价评判案例

1. 设备环境清洁

如表 4-47、表 4-48 所示，设备环境清洁一般包含设备工具清洁、物品归位整理、废物垃圾丢弃等方面，是考量每位参赛选手职业素养的重要指标之一。选手首先要注意在整个工作流程设计时必须留有充足的清洁时间。其次是清洁过程的规范性，如必须使用现场提供的安全防护装备（手套、防护目镜等）、废物丢弃符合垃圾分类规则等，在世界技能大赛中，任何选手在必须使用安全防护装备而未使用时，其在该评分方面（评分点）一般直接按 0 分评判。最后是清洁质量，选手可按照“所有设备必须高效完成清洁，所有物品必须干净恢复原位，所有印张必须分类整齐摆放”的原则去完成不同任务的清洁工作。

表 4-47　2022 年世界技能大赛特别赛印刷媒体技术项目胶印模块“四色印刷”工作的评判子标准（部分）——设备环境清洁评分方面（评分点）

评分类型	评分方面（评分点）	评价等级	额外方面	最大分值
J	使用自动程序清洁印刷单元、印版、橡皮布和压印滚筒，印刷未完成为 0 分	0	低于行业标准——超时或没有使用安全装备	1.0
		1	可接受的行业标准——正确使用安全装备，清洁完成但是不干净	
		2	达到行业标准——正确使用安全装备，机组清洁 90% 到位	
		3	高度达到行业标准——正确使用安全装备，机组清洁 100% 到位	

表 4-48　2022 年世界技能大赛特别赛印刷媒体技术项目附加任务模块“调墨 1”工作的评判子标准（部分）——设备环境清洁评分方面（评分点）

评分类型	评分方面（评分点）	评价等级	额外方面	最大分值
J	在工作时间内清洁所有设备、工具，遵守安全流程，正确丢弃废物	0	低于行业标准——超时，或没有正确丢弃废物，或未使用安全装备	1.0
		1	可接受的行业标准——正确使用安全装备，但没有正确丢弃废物，或物品没有归位	
		2	达到行业标准——正确使用安全装备，废物丢弃、物品归位 90% 正确	
		3	高度达到行业标准——正确使用安全装备，废物丢弃、物品归位 100% 正确，区域整洁	

需要特别强调的是，印刷媒体技术项目的所有任务中不一定都包含清洁评分方面（评分点），但事实上，每项任务都有清洁的需求，只不过有些任务的清洁环节或步骤较多，有些只是简单的整理，如数字印刷模块一般只涉及物品归位和印张分类，如表 4-49 所示。在日常训练中，选手应在每项任务的总工作时间内做好清洁工作，不论比赛中评判与否，都要将培养高超职业素养融入工作，以给进行评判的执裁专家留下专业、良好的印象。

表 4-49　2022 年世界技能大赛特别赛印刷媒体技术项目数字印刷模块“VDP 文件数字印刷”工作的评判子标准（部分）——设备环境清洁评分方面（评分点）

评分类型	评分方面（评分点）	评价等级	额外方面	最大分值
J	印刷完成后，根据安全或环保流程整理工作区域	0	低于行业标准——印品未整理	1.0
		1	达到可接受的行业标准，但是需要再处理——印品整理到位，但是没有区分	
		2	达到行业标准——良好和废弃的印品都整理到位	
		3	超过行业标准——完美的操作，并做了一些超出标准的操作，如正确整理所有印品，分类，给出数量、时间、姓名等	

2. 产品质量（胶印）

如表 4-50、表 4-51 所示，对胶印产品质量进行评价评判时，执裁专家的主要关注点一般在于选手提交印品的表面可见质量，即印张上是否存在干版、墨皮、脏点、手印、粘脏等常见印刷弊病。选手在提交样张时，除密度、套准，还需重点关注印张的正反面是否有可见弊病。需要特别注意的是，世界技能大赛不允许选手在正式生产中采用主动停机的方式排除印品上出现的问题，因此上述弊病选手都应在正式生产前予以全部排除，若在正式生产中碰到问题，也应在动态中对可解决的弊病进行处理，将损失降至最低。

表 4-50　第 44 届世界技能大赛印刷媒体技术项目胶印模块“盒子”工作的评判子标准（部分）——产品质量评分方面（评分点）

评分类型	评分方面（评分点）	评价等级	额外方面	最大分值
J	对初始印张进行分析以为交付客户做好准备	0	低于行业标准——任意色彩（密度）达标点数量低于 70%，套准小于 0.25mm，不可销售	1.0
		1	达到行业色彩（密度）标准，在图文区域内无任何可见弊病	
		2	达到行业色差（密度）标准，在印张（图文面）所有区域内无任何可见弊病	
		3	达到行业色彩（密度）标准，在印张正反面所有区域内无任何可见弊病，包括手指印和脏点	

表 4-51　2022 年世界技能大赛特别赛印刷媒体技术项目胶印模块“四色印刷”工作的评判子标准（部分）——产品质量评分方面（评分点）

评分类型	评分方面（评分点）	评价等级	额外方面	最大分值
J	印张可见质量——从收纸堆最低处向上 5cm 处的印张	0	低于行业标准——一些弊病，客户不接受产品	1.75
		1	达到最低行业标准——在非关键区域有可见弊病	
		2	达到行业标准——印张一面完美，另外一面有小的可见弊病	
		3	完美行业标准——两面均无弊病	

3. 产品质量（数印）

对数字印刷产品质量进行评价评判时，执裁专家既要考虑套准、尺寸、数量等基本参数，又要根据产品特点兼顾拼版方式、印后加工等一些在评判方面（评分点）无具体描述的因素，因此数字印刷产品的质量评价与上述胶印更加聚焦于产品表面质量存在显著不同，前者是一种站在客户角度的综合性评价，需要执裁专家在对行业标准充分达成共识的前提下进行评价评判，如表 4-52 所示。

表 4-52　2022 年世界技能大赛特别赛印刷媒体技术项目数字印刷模块“大幅面数字印刷 1”工作的评判子标准（部分）——产品质量评分方面（评分点）

评分类型	评分方面（评分点）	评价等级	额外方面	最大分值
J	产品质量，包含印刷和模切	0	产品未制作到位，客户不支付费用（即使以最低的价格）	1.0
		1	产品完成，但是套准等需要调节，未达到客户满意程度	
		2	产品完成，客户愿意支付所有费用，但是产品质量可以更好	
		3	产品完成，质量卓越，客户愿意支付所有费用	

4. 收纸质量（胶印）

如表 4-53 所示，与以上评价评判不同，胶印收纸质量的评价评判在额外方面做出了较为清晰且量化的描述，因此该评分方面（评分点）只需根据描述进行评判即可，一般 3 位执裁专家不需要进行详细的讨论也可达到很高的评判一致性。

表 4-53　第 45 届世界技能大赛印刷媒体技术项目胶印模块“海报”工作的评判子标准（部分）——收纸质量评分方面（评分点）

评分类型	评分方面（评分点）	评价等级	额外方面	最大分值
J	收纸适合后续工序	0	低于行业标准——多张纸超出，喷粉量过多或无喷粉，背面粘脏	1.0
		1	可接受的行业标准，但是需要再加工——多余 3 张纸超出，喷粉量正确	
		2	达到行业标准——少于 3 张纸超出，喷粉量正确	
		3	超越行业标准——完美收纸，做出超出标准的操作，如标记侧规，分类，给出印品数量、时间、姓名等	

5. 设备故障排除

如表 4-54 所示，设备故障排除评价评判时等级 0 ～ 3 的描述看似主观性较强，但实际上与胶印收纸质量类似，该评分方面（评分点）的评判方法是很清晰的。

0 级：选手没有排除任何故障。

1 级：选手排除了若干故障但没有排除所有故障。

2 级：选手排除了所有故障，但对部分故障存在分析不准确，没有一次性排除，进行多次尝试的情况。

3 级：所有故障均一次性准确排除。

事实上，印刷媒体技术项目的设备故障排除题目每届世界技能大赛只有一套，即所有选手排除的故障一样。为防止题目“泄露”，故障排除任务一般设置在全封闭的竞赛区域内完成，选手在操作时该工位执裁专家需回避，由第三方技术人员记录选手每个故障的排除情况（“是否排除”“排除次数”），待选手任务完成或工作时间截止后，由该技术人员对设备归位，执裁专家只需对照记录就可对该评分方面（评分点）进行准确评判，同时故障的具体内容也可一直处于保密状态。

表 4-54 2022 年世界技能大赛特别赛印刷媒体技术项目胶印模块“四色印刷”工作的评判子标准（部分）——故障排除评分方面（评分点）

评分类型	评分方面（评分点）	评价等级	额外方面	最大分值
J	对初始印张进行分析以为交付客户做好准备	0	选手对如何解决问题没有思路	1.5
		1	选手几乎解决问题，但是因为额外的操作或错误超时	
		2	选手按时解决问题，但是没有采用最佳方法	
		3	选手解决问题，在过程中展示出自信和知识	

6. 工作思路方向

对工作思路方向进行评价评判是在2022年世界技能大赛特别赛上首次出现的，通过对过往所有采用评价评判的评分方面（评分点）进行分析后不难发现，这些评分方面（评分点）都会落脚于质量，如产品质量、收纸质量，或更加具体的某项操作效果，如清洁整理、故障排除等。对整体工作思路方向进行评判，是对选手完成该任务的“平滑性”做出了要求，即选手在工作前要对每个步骤做出科学的规划，对于材料使用的经济性以及工作效率都需仔细推敲，如表4-55所示。例如，在大幅面喷绘任务中，模切调节、套准、预飞、拼版、试印、印刷等环节的先后顺序如何安排，采用何种方式可以更加节省材料，采用单向喷绘还是往复式喷绘等都需要选手在拿到试题的几分钟内制定出较为完善的工作流程，避免在操作过程中出现“返工”“低质”“浪费”“低效”等现象。

表4-55　2022年世界技能大赛特别赛印刷媒体技术项目数字印刷模块“大幅面数字印刷1”工作的评判子标准（部分）——工作思路评分方面（评分点）

评分类型	评分方面（评分点）	评价等级	额外方面	最大分值
J	工作方向，使用材料的经济性，工作区域清洁	0	在使用材料的经济性、安全和清洁等工作流程方面存在挑战，不适用于印刷行业	1.0
		1	在工作流程平滑性、经济性或安全和清洁等方面表现得像初学者	
		2	在工作流程平滑性、经济性或安全和清洁等方面表现出半专业水平，可进一步优化	
		3	在工作流程平滑性、经济性或安全和清洁等方面表现出专业水平	

三、评价评判计分方法

在评价评判时，执裁专家打出的0～3为该评分方面（评分点）的等级，并非得分。比赛时，只需将3位执裁专家打出的有效等级（最大等级差不大于1）输入世界技能大赛评分系统CIS，系统后台会自动根据算法计算出该评分方面（评分点）的最终得分。

CIS 系统对评价评判得分的算法如下。

得分 =（专家 1 评定等级 + 专家 2 评定等级 + 专家 3 评定等级）÷9× 该评分方面（评分点）的最大分值

例：

评分项目编号	最大分值	子标准描述	专家评判（0～3）	得分
J1	1.5	印张可见质量 0——低于行业标准——弊病较多，客户不接受产品 1——达到最低行业标准——在非关键区域有可见弊病 2——达到行业标准——印张一面完美，在另外一面有小的可见弊病 3——完美行业标准——两面均无弊病	专家 1　1 专家 2　2 专家 3　3	

某选手在“印张可见质量”评分方面（评分点）经 3 位执裁专家评定的等级分别为 1 级、2 级、3 级，最大等级差为 2，该评定无效，需 3 位执裁专家进行第二次评判。

评分项目编号	最大分值	子标准描述	专家评判（0～3）	得分
J1	1.5	印张可见质量 0——低于行业标准——弊病较多，客户不接受产品 1——达到最低行业标准——在非关键区域有可见弊病 2——达到行业标准——印张一面完美，另外一面有小的可见弊病 3——完美行业标准——两面均无弊病	专家 1　1 专家 2　2 专家 3　3	0.833

经第二次评判，3 位执裁专家评定的等级分别为 1 级、2 级、2 级，最大等级差为 1，该评定有效，该选手在此评分方面（评分点）的最终得分经 CIS 后台计算如下：

（1+2+2）÷9×1.5=0.833（保留三位小数）

故该选手“印张可见质量”评价评判的最终得分为 0.833 分。

第五章

印刷媒体技术项目的设施设备

第一节 基础设施设备列表

世界技能大赛各项目使用的设备、仪器、耗材及赛场内的各种物品以“基础设施设备列表”（Infrastructure List，IL）的形式在世界技能大赛官方网站上予以发布。

从图 5-1 可知，“基础设施设备列表”中呈现以下信息。

①类别（Category）——该基础设施设备所属的大类。

②数量（Quantity）——该基础设施设备需求的数量。

③描述（Description）——该基础设施设备的名称。

④技能区域（Skill Area）——该基础设施设备在赛场中的放置位置。

⑤制造商（Manufacturer）——该基础设施设备的制造商。

⑥型号（Model）——该基础设施设备的型号。

⑦供货商（Supplier）——该基础设施设备的供货商。

⑧状态（Status）——所有基础设施设备可分为“需求”（Requested）和“确认”（Confirmed）两种状态，“需求”即比赛所需的设备设施，“确认”即该设备设施已经准备到位。

通常在当届比赛前 10 个月左右，各项目“基础设施设备列表”的查看权限开放，所有设施设备均处于“需求”状态，随着比赛筹备工作的推进，赛事承办国家和地区会对“基础设施设备列表”进行实时动态更新，进入“确认”状态的即为当届比赛最终使用的设备设施。

印刷媒体技术项目的设备设施可分为以下类别。

①家具（Furniture）

②计算机软件（IT Software）

③计算机硬件（IT Hardware）

④健康和安全（Health and Safety）

⑤固定物品（Stationery）

⑥设备和工具（Equipment and Tools）

⑦材料和消耗品（Materials and Consumables）

11 Print Media Technology WorldSkills Kazan 2019

Items

Cc

Category	Quantity	Product	Skill Area	Manufacturer	Model	Supplier	Status
Equipment and Tc							
Equipment and Tools	1 pcs per Skill	Offset printing press 2 colors	Competitors Shared Work Area	Heidelberg	Speedmaster SX 52-2	Heidelberg	Confirmed
Equipment and Tools	2 pcs per Skill	Offset printing press 4 colors	Competitors Shared Work Area	Heidelberg	Speedmaster SX 52-4	Heidelberg	Confirmed
Equipment and Tools	2 pcs per Skill	Digital printing press	Competitors Shared Work Area	Heidelberg	Versafive CV	Heidelberg	Confirmed
Equipment and Tools	1 pcs per Skill	Cutter machine	Competitors Shared Work Area	Heidelberg	Polar 78	Heidelberg	Confirmed
Equipment and Tools	3 pcs per Skill	PH Meter	Competitors Shared Work Area			Heidelberg	Confirmed
Equipment and Tools	10 pcs per Skill	Magnifier/lupe	Competitors Shared Work Area			Heidelberg	Confirmed

图 5-1　第 45 届世界技能大赛印刷媒体技术项目的 IL（部分）

第二节　胶印设施设备

一、胶印机

从表 5-1 中可知，在近 5 届世界技能大赛中，胶印机均使用 Heidelberg 52-4 型号，此设备是海德堡胶印机产品阵列中幅面最小的机型，设备中输纸、收纸需手动调节的部件较多，非常适合比赛使用。胶印机具有型号相同，但配置功能不同的特点，在第 42 届至第 45 届比赛中使用的 SM52-4 或 SX52-4 胶印机的整体差异不大，在 2022 年世界技能大赛特别赛中，使用了最新款的 SX52-4 机型，其控制界面和部分功能进行了换代升级，与过往 4 届比赛设备的差异较大，如图 5-2 ～图 5-5 所示。

表 5-1　世界技能大赛印刷媒体技术项目胶印模块（印刷机）重要设施设备

届别（年份）	设施设备名称	品牌	型号
第 42 届（2013）	四色胶印机	Heidelberg	SM52-4
第 43 届（2015）	四色胶印机	Heidelberg	SM52-4
第 44 届（2017）	四色胶印机	Heidelberg	SX52-4
第 45 届（2019）	四色胶印机	Heidelberg	SX52-4
特别赛（2022）	四色胶印机	Heidelberg	SX52-4

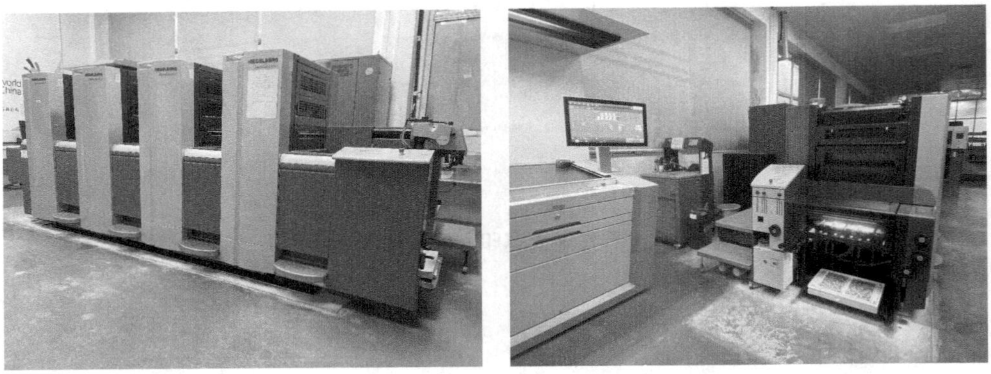

图 5-2　Heidelberg SX52-4（新）胶印机

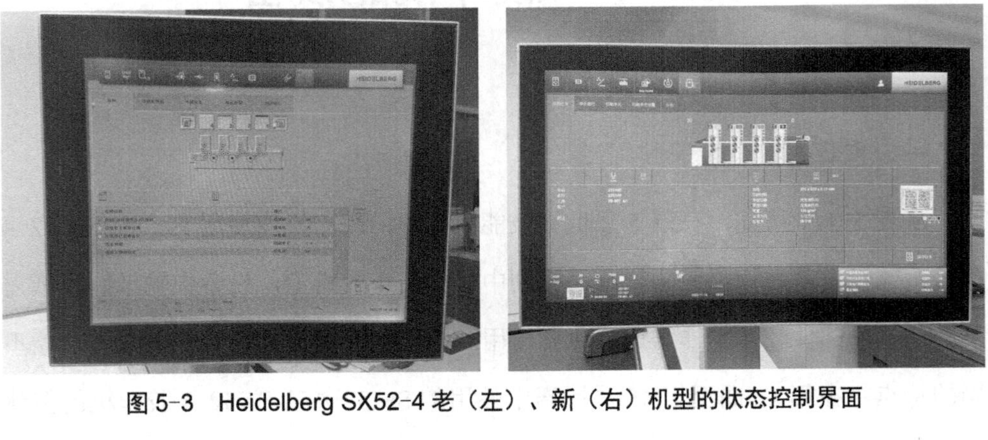

图 5-3　Heidelberg SX52-4 老（左）、新（右）机型的状态控制界面

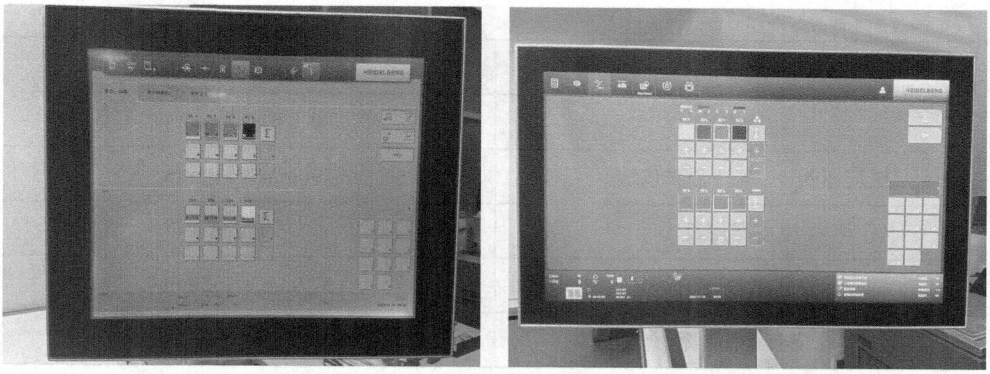

图 5-4　Heidelberg SX52-4 老（左）、新（右）机型的水墨控制界面

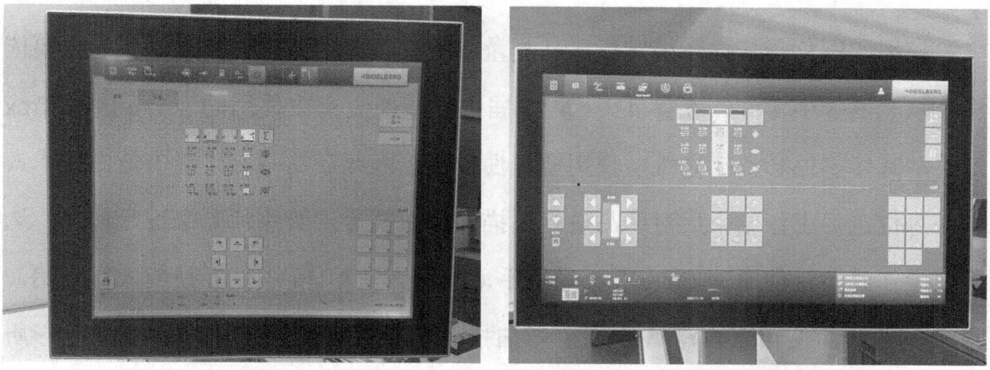

图 5-5　Heidelberg SX52-4 老（左）、新（右）机型的套准控制界面

Heidelberg SX52-4 的关键参数如表 5-2 所示。

表 5-2　Heidelberg SX52-4 的关键参数

名称	参数
最大纸张尺寸	370mm×520mm
最小纸张尺寸（单面印刷）	105mm×145mm
最大印刷幅面（单面印刷）	360mm×520mm
纸张厚度	0.03 ～ 0.4mm
纸张叼口大小	8 ～ 10mm
最大印刷速度	15000 张 / 时
滚筒缩径量（印版滚筒）	0.03mm
印版长 × 宽（金属材料）	459mm×525mm

（续表）

名称	参数
印版厚度	0.1 ～ 0.15mm
橡皮布长 × 宽（金属包边）	490mm×536mm
橡皮布厚度	1.95mm
衬垫纸长 × 宽	377mm×532mm
橡皮布滚筒缩径量	3mm

二、印刷色彩扫描系统

使用印刷色彩扫描系统进行印品测量，是胶印密度和色差参数评判的重要依据。从表 5-3 中可知，在第 42、第 43 届世界技能大赛中使用的 x-rite Easy Trax 为手动式印刷色彩扫描系统，使用便捷性较低，因此在这两届比赛中是由技术人员在每位选手工作结束后对印品进行扫描并将数据提供给执裁专家进行评判，选手在操作时还是使用 x-rite eXact 进行手动测量。从第 44 届世界技能大赛开始，胶印任务全面使用了自动式印刷色彩扫描系统，大大提高了选手对产品色彩质量调控的效率，也正是因为自动化仪器的使用，第 44 届世界技能大赛对选手提交的 OK 样的密度首次设置了最低要求，即 CMYK 每色所有检测点中 70% 以上的检测点需进入密度误差范围内才可提交 OK 样。x-rite Easy Trax、TECHKON SpectroDrive 印刷色彩扫描系统如图 5-6 所示。

表 5-3　世界技能大赛印刷媒体技术项目胶印模块（检测系统）重要设施设备

届别（年份）	设施设备名称	品牌	型号
第 42 届（2013）	印刷色彩扫描系统	x-rite	Easy Trax
第 43 届（2015）	印刷色彩扫描系统	x-rite	Easy Trax
第 44 届（2017）	印刷色彩扫描系统	x-rite	Intellitrax
第 45 届（2019）	印刷色彩扫描系统	TECHKON	SpectroDrive
特别赛（2022）	印刷色彩扫描系统	TECHKON	SpectroDrive

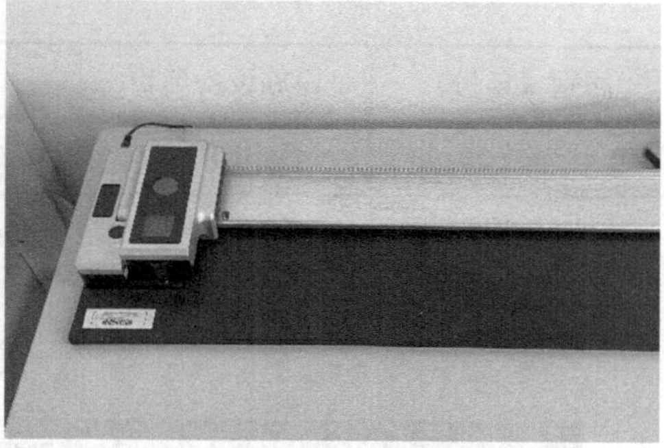

图 5-6　x-rite Easy Trax（左）、TECHKON SpectroDrive（右）印刷色彩扫描系统

第三节　数字印刷设施设备

一、数字印刷机

数字印刷机是世界技能大赛印刷媒体技术项目中更换最为频繁的设备，在近 5 届比赛中，除第 42、第 43 届使用的数字印刷机的软硬件无变更外，之后每届均有不同，在第 44 届和 2022 年世界技能大赛特别赛上数字印刷机的软、硬件方面更是产生了巨大变化。

从表 5-4 中可知，在第 44 届比赛中，Heidelberg 数字印刷机型号由 Linoprint C751 更新至 Versafire CV，同时印刷机生产流程也由 Fiery（图 5-7）变更为 Prinect（图 5-8）。相对于印刷机型号的变更来说，第 44 届比赛与以往最大的不同主要体现在生产流程方面：两种生产流程的操作界面和工作思路完全不同。

表 5-4　世界技能大赛印刷媒体技术项目数字印刷模块（印刷机）重要设施设备

届别（年份）	设施设备名称	品牌	型号
第 42 届（2013）	数字印刷机	Heidelberg	Linoprint C751（Fiery）
第 43 届（2015）	数字印刷机	Heidelberg	Linoprint C751（Fiery）
第 44 届（2017）	数字印刷机	Heidelberg	Versafire CV（Prinect）

（续表）

届别（年份）	设施设备名称	品牌	型号
第 45 届（2019）	数字印刷机	Heidelberg	Versafire EV（Prinect）
特别赛（2022）	数字印刷机	Konica Minolta	AccurioPRESS C4070（Fiery）
	大幅面喷绘仪	Roland	TrueVIS VG2

图 5-7　Fiery 数字印刷机生产流程

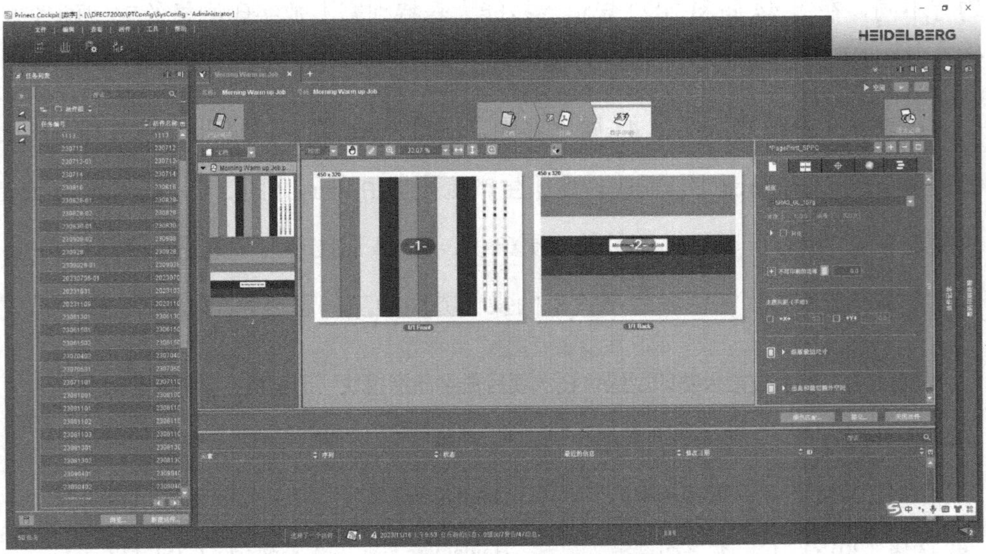

图 5-8　Prinect 数字印刷机生产流程

在2022年世界技能大赛特别赛中，印刷媒体技术项目首次使用了Konica Minolta品牌数字印刷机，印刷机生产流程也从连续使用两届的Prinect回到了Fiery，因此这次变化是在软件、硬件两方面的彻底变更。同时在2022年世界技能大赛特别赛中，首次使用了大幅面喷绘仪，这反映了当下数字印刷领域喷墨技术及设备快速发展的现状。Heidelberg Linoprint C751和Versafire CV数字印刷机如图5-9所示。

图5-9　Heidelberg Linoprint C751（左）、Versafire CV（右）数字印刷机

Heidelberg Versafire EV的关键参数如表5-5所示。Heidelberg Versafire EV数字印刷机如图5-10所示。

表5-5　Heidelberg Versafire EV的关键参数

名称	参数
打印分辨率	4800dpi×2400dpi
纸张尺寸	标配纸盒：139.7mm×139.7mm ～ 330.2mm×457.2mm 大容量纸盒：100.0mm×139.7mm ～ 330.2mm×487.7mm 真空长纸盒：330.2mm×700mm 旁路进纸盒：330.2mm×1260mm
纸张克重	52 ～ 360g/m^2
生产速度	85页/分（A4）、49页/分（A3）

图 5-10 Heidelberg Versafire EV 数字印刷机

Konica Minolta AccurioPRESS C4070 的关键参数如表 5-6 所示。Konica Minolta AccurioPRESS C4070 数字印刷机如图 5-11 所示。

表 5-6 Konica Minolta AccurioPRESS C4070 的关键参数

名称	参数
打印分辨率	3600dpi×2400dpi
兼容纸张尺寸	139.7mm×182mm ～ 330.2mm×1300mm
图像区域	323mm×1295mm
纸张克重（主机纸盒）	62 ～ 256g/m^2
纸张克重（其他纸盒）	PF-707m：62 ～ 360g/m^2 PF-602m：62 ～ 300g/m^2
纸张克重（其他纸盒）	LU-202m/XLm：62 ～ 300g/m^2 MB-508：62 ～ 300g/m^2 MB-509：62 ～ 360g/m^2
生产速度（A4 横向）	71 页 / 分（彩色）、81 页 / 分（黑白）

图 5-11 Konica Minolta AccurioPRESS C4070 数字印刷机

Roland TrueVIS VG2 大幅面喷绘仪的关键参数如表 5-7 所示。Roland TrueVIS VG2 大幅面喷绘仪如图 5-12 所示。

表 5-7 Roland TrueVIS VG2 大幅面喷绘仪的关键参数

名称	VG2-640 参数	VG2-540 参数
打印宽度	1600mm	1370mm
打印头	FlexFire 打印头 4 个	
介质厚度	打印时：最大 1mm（含背衬） 切割时：最大 0.4mm（含背衬）	
打印分辨率	1200dpi	
墨水	8 色（青、品红、黄、黑、浅青、浅品红、浅黑、橙） 8 色（青、品红、黄、黑、浅青、浅品红、浅黑、白） 4 色（青、品红、黄、黑）	

图 5-12 Roland TrueVIS VG2 大幅面喷绘仪

二、色彩管理仪器

在世界技能大赛数字印刷任务中，经常需要选手对数字印刷机进行色彩校正，《技术描述》文件也要求选手具备对数字印刷机进行色彩管理的能力。

事实上，数字印刷机的色彩管理或色彩校正属于数字印刷设备的日常维护工作之一，因此不论比赛是否要求，选手也应该掌握相关校正仪器的使用方法，熟悉相关色彩管理的流程步骤，定期对数字印刷机进行必要的色彩管理及校正。例如，图 5-13 所示的 efi ES-3000 分光光度仪、x-rite i1 ISIS 色表扫描仪就是对数字印刷机进行色彩管理及校正的常用仪器，其中，efi ES-3000 分光光度仪在第 44、第 45 届世界技能大赛印刷媒体技术项目数字印刷模块的工作中使用过。

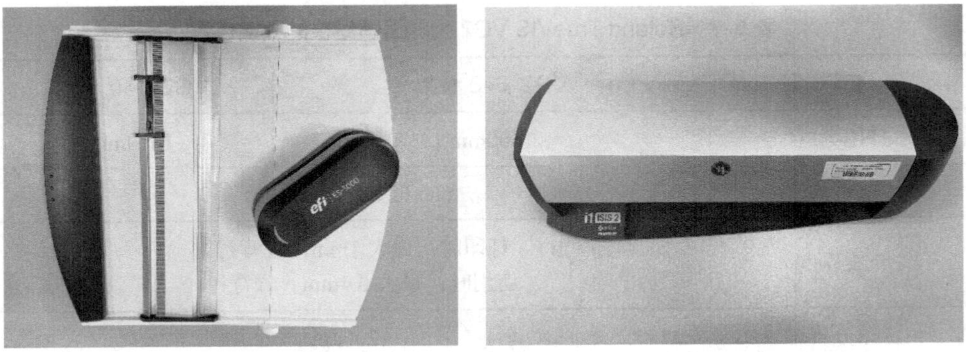

图 5-13　efi ES-3000 分光光度仪（左）、x-rite i1 ISIS 色表扫描仪（右）

第四节　附加任务及其他设施设备

一、机器设备

双色胶印机一般是在印刷媒体技术项目的维护保养或专色印刷任务中使用。从表 5-8 可知，在过往的世界技能大赛中均使用 Heidelberg 52-2 机型，该印刷机的操作方法、基本功能和胶印模块使用的 Heidelberg SM52-4 大体一致。但在第 44、第 45 届世界技能大赛中出现了手动墨键设备，第 44、第 45 届比赛的“重要设施设备”列表也未体现相关信息，在自动墨键已成为胶印机主流标配的当下，面对比赛中突如其来的变化，如何提升放墨的精准性，就成为选手必须面对的挑战和难题。Heidelberg SX52-2（手动墨键）胶印机如图 5-14 所示。

表 5-8　世界技能大赛印刷媒体技术项目附加任务模块（维护保养、专色印刷任务）重要设施设备

届别（年份）	设施设备名称	品牌	型号
第 42 届（2013）	双色胶印机	Heidelberg	SM52-2（自动墨键）
第 43 届（2015）	双色胶印机	Heidelberg	SM52-2（自动墨键）
第 44 届（2017）	双色胶印机	Heidelberg	SX52-2（手动墨键）
第 45 届（2019）	双色胶印机	Heidelberg	SX52-2（手动墨键）
特别赛（2022）	双色胶印机	—	—

图 5-14　Heidelberg SX52-2（手动墨键）胶印机

从表 5-9 可知，之前几届世界技能大赛共使用了 Guarani 和 Polar 两种品牌的切纸机，不同切纸机的基本功能相同，选手只需在赛前熟悉编程界面、调压方法和按键位置即可完成相应任务。Polar 78 切纸机如图 5-15 所示。

表 5-9　世界技能大赛印刷媒体技术项目附加任务模块（裁切任务）重要设施设备

届别（年份）	设施设备名称	品牌	型号
第 42 届（2013）	切纸机	Guarani	92

（续表）

届别（年份）	设施设备名称	品牌	型号
第 43 届（2015）	切纸机	Guarani	92
第 44 届（2017）	切纸机	Polar	78
第 45 届（2019）	切纸机	Polar	78
特别赛（2022）	切纸机	—	—

图 5-15　Polar 78 切纸机

二、仪器软件

分光光度仪是印刷生产中最常使用的质量检测仪器之一，在胶印模块使用“印刷色彩扫描系统”后，分光光度仪通常只在调墨任务或数字印刷模块的专色印刷任务中使用。不同品牌的分光光度仪的功能类似，最大的区别在于操作界面，因此选手在赛前熟悉掌握所使用仪器的校正方法，色差、密度等基本检测功能即可完成任务。世界技能大赛印刷媒体技术项目附加任务模块（调墨、专色印刷任务）的重要设施设备如表 5-10 所示。其中，TECHKON SpectroDens 分光光度仪如图 5-16 所示。

表 5-10　世界技能大赛印刷媒体技术项目附加任务模块（调墨、专色印刷任务）重要设施设备

届别（年份）	设施设备名称	品牌	型号
第 42 届（2013）	分光光度仪	x-rite	eXact
第 43 届（2015）	分光光度仪	x-rite	eXact
第 44 届（2017）	分光光度仪	x-rite	eXact
第 45 届（2019）	分光光度仪	TECHKON	SpectroDens
特别赛（2022）	分光光度仪	TECHKON	SpectroDens

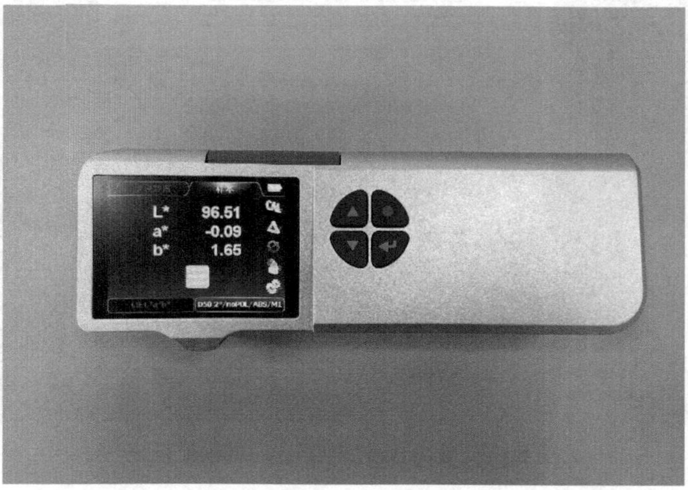

图 5-16　TECHKON SpectroDens 分光光度仪

从表 5-11 中可知，世界技能大赛使用的印刷模拟系统因为只有一家制造商，所以该系统未发生重大变化，唯一的变化是该系统版本会进行升级，每届比赛前，选手将系统版本升至最新后进行练习即可。Sinapse SHOTS 印刷模拟系统如图 5-17 所示。

表 5-11　世界技能大赛印刷媒体技术项目附加任务模块（印刷模拟任务）重要设施设备

届别（年份）	设施设备名称	品牌	型号
第 42 届（2013）	印刷模拟系统	Sinapse	SHOTS
第 43 届（2015）	印刷模拟系统	Sinapse	SHOTS

（续表）

届别（年份）	设施设备名称	品牌	型号
第 44 届（2017）	印刷模拟系统	Sinapse	SHOTS
第 45 届（2019）	印刷模拟系统	Sinapse	SHOTS
特别赛（2022）	印刷模拟系统	Sinapse	SHOTS

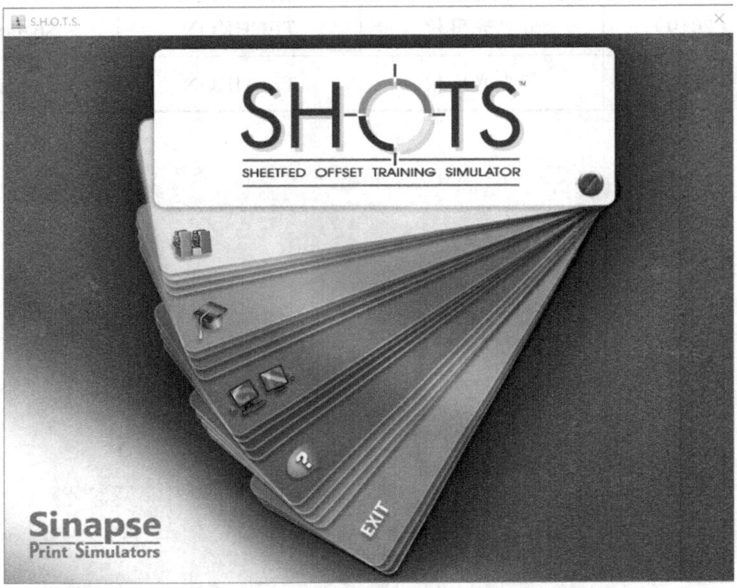

图 5-17　Sinapse SHOTS 印刷模拟系统

三、其他设施设备

世界技能大赛印刷媒体技术项目使用的设施设备，特别是工具、耗材类会根据当年比赛承办国家和地区赞助商的情况发生变化，因此，选手在日常训练中使用的工具、材料不宜长期固定，特别是纸张、油墨等耗材应经常更换，以提升选手面对各种情况的综合能力和应变性，避免出现由于一种工具“用顺手”了，换用其他工具就严重影响工作速度，或换用其他耗材就严重影响工作质量的情况发生。第 45 届世界技能大赛印刷媒体技术项目其他重要设施设备（部分）如表 5-12 所示。

表 5-12 第 45 届世界技能大赛印刷媒体技术项目其他重要设施设备（部分）

设施设备名称	品牌	型号
CTP	Heidelberg	Suprasetter A52
印版打孔机	Heidelberg	手动
印版弯版机	Heidelberg	手动
硬度计	Mitutoyo	Shore
pH 检测仪	Hanna	HI98128
导电率检测仪	Hanna	HI98312
放大镜	—	10X
墨刀	—	塑料
电子秤	—	常规
扭力扳手	—	常规
游标卡尺	—	常规
千分尺	—	常规
直尺	—	塑料
压痕比对卡	Heidelberg	—
油墨	—	CMYK
纸张	—	常规
橡皮布	—	常规
清洁剂	—	常规
手套		橡胶
防护目镜	—	常规
发网	—	常规
耳塞	—	常规

其中，Heidelberg Suprasetter A52 CTP 如图 5-18 所示，Heidelberg 印版打孔机、印版弯版机如图 5-19 所示，Hanna pH 检测仪、导电率检测仪如图 5-20 所示。

图 5-18　Heidelberg Suprasetter A52 CTP

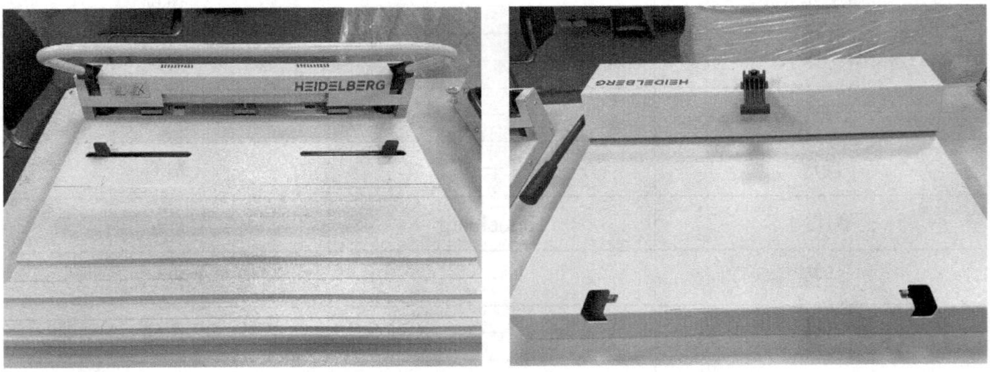

图 5-19　Heidelberg 印版打孔机（左）、印版弯版机（右）

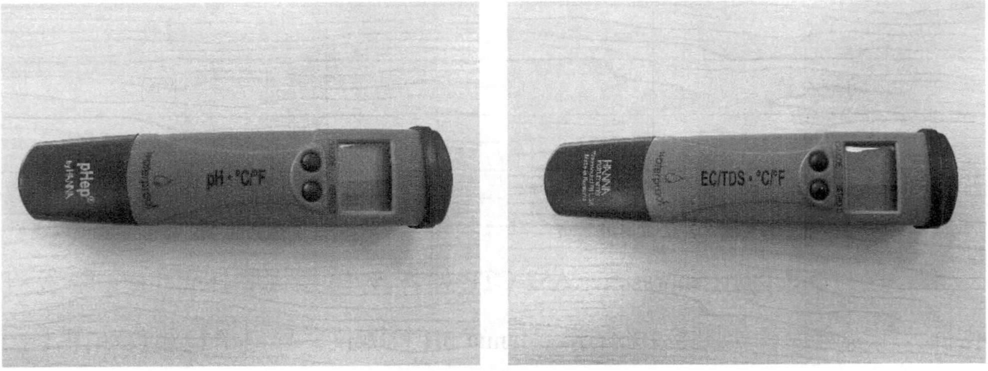

图 5-20　Hanna pH 检测仪（左）、导电率检测仪（右）

附录 1　历届世界技能大赛举办信息汇总

举办年份	届别	举办国家和地区	举办地	参赛国家和地区的数量
1950	第 1 届	西班牙	马德里	2
1951	第 2 届	西班牙	马德里	2
1953	第 3 届	西班牙	马德里	7
1955	第 4 届	西班牙	马德里	7
1956	第 5 届	西班牙	马德里	8
1957	第 6 届	西班牙	马德里	8
1958	第 7 届	比利时	布鲁塞尔	10
1959	第 8 届	意大利	摩德纳	9
1960	第 9 届	西班牙	巴塞罗那	7
1961	第 10 届	德国	杜伊斯堡	11
1962	第 11 届	西班牙	希洪	10
1963	第 12 届	爱尔兰	都柏林	13
1964	第 13 届	葡萄牙	里斯本	12
1965	第 14 届	英国	格拉斯哥	11
1966	第 15 届	荷兰	乌德勒支	11
1967	第 16 年	西班牙	马德里	11
1968	第 17 届	瑞士	伯尼尔	14
1969	第 18 届	比利时	布鲁塞尔	15
1970	第 19 届	日本	东京	15
1971	第 20 届	西班牙	希洪	15
1973	第 21 届	德国	慕尼黑	15

（续表）

举办年份	届别	举办国家和地区	举办地	参赛国家和地区的数量
1975	第 22 届	西班牙	马德里	17
1977	第 23 届	荷兰	乌德勒支	17
1978	第 24 届	韩国	釜山	14
1979	第 25 届	爱尔兰	科克	14
1981	第 26 届	美国	亚特兰大	14
1983	第 27 届	奥地利	林茨	18
1985	第 28 届	日本	大阪	18
1988	第 29 届	澳大利亚	悉尼	20
1989	第 30 届	英国	伯明翰	21
1991	第 31 届	荷兰	阿姆斯特丹	25
1993	第 32 届	中国台北	中国台北	25
1995	第 33 届	法国	里昂	28
1997	第 34 届	瑞士	圣加仑	30
1999	第 35 届	加拿大	蒙特利尔	33
2001	第 36 届	韩国	汉城	35
2003	第 37 届	瑞士	圣加仑	36
2005	第 38 届	芬兰	赫尔辛基	38
2007	第 39 届	日本	静冈	46
2009	第 40 届	加拿大	卡尔加里	45
2011	第 41 届	英国	伦敦	51
2013	第 42 届	德国	莱比锡	53
2015	第 43 届	巴西	圣保罗	62
2017	第 44 届	阿联酋	阿布扎比	59
2019	第 45 届	俄罗斯	喀山	63
2022	特别赛	瑞士等 15 国	阿劳等	58

注：以上信息来源于世界技能组织网站（www.worldskills.org）。

附录 2　历届世界技能大赛标志

图 1　第 1～4 届（左一）、第 5～6 届（左二）、第 7 届（右二）、第 8 届（右一）世界技能大赛标志

图 2　第 9 届（左一）、第 10 届（左二）、第 11 届（右二）、第 12 届（右一）世界技能大赛标志

图 3　第 13 届（左一）、第 14 届（左二）、第 15 届（右二）、第 16 届（右一）世界技能大赛标志

图 4　第 17 届（左一）、第 18 届（左二）、第 19 届（右二）、第 20 届（右一）
世界技能大赛标志

图 5　第 21 届（左一）、第 22 届（左二）、第 23 届（右二）、第 24 届（右一）
世界技能大赛标志

图 6　第 25 届（左一）、第 26 届（左二）、第 27 届（右二）、第 28 届（右一）
世界技能大赛标志

图 7　第 29 届（左一）、第 30 届（左二）、第 31 届（右二）、第 32 届（右一）
世界技能大赛标志

图 8　第 33 届（左一）、第 34 届（左二）、第 35 届（右二）、第 36 届（右一）世界技能大赛标志

图 9　第 37 届（左一）、第 38 届（左二）、第 39 届（右二）、第 40 届（右一）世界技能大赛标志

图 10　第 41 届（左一）、第 42 届（左二）、第 43 届（右二）、第 44 届（右一）世界技能大赛标志

图 11　第 45 届世界技能大赛（左）、2022 年世界技能大赛特别赛（右）标志

注：以上图片来源于世界技能组织网站（www.worldskills.org）。

附录 3　世界技能组织成员

序号	成员国家和地区	加入时间
1	Argentina（阿根廷）	2011
2	Armenia（亚美尼亚）	2012
3	Australia（澳大利亚）	1981
4	Austria（奥地利）	1958
5	Azerbaijan（阿塞拜疆）	2020
6	Kingdom of Bahrain（巴林）	2013
7	Bangladesh（孟加拉国）	2017
8	Barbados（巴巴多斯）	2011
9	Belarus（白俄罗斯）	2014
10	Belgium（比利时）	1998
11	Brazil（巴西）	1981
12	Brunei Darussalam（文莱）	2004
13	Canada（加拿大）	1990
14	Chile（智利）	2013
15	China（中国）	2010
16	Colombia（哥伦比亚）	2008
17	Costa Rica（哥斯达黎加）	2015
18	Croatia（克罗地亚）	2006
19	Denmark（丹麦）	1998
20	Dominican Republic（多米尼加）	2012

（续表）

序号	成员国家和地区	加入时间
21	Ecuador（厄瓜多尔）	2006
22	Egypt（埃及）	2014
23	Estonia（爱沙尼亚）	2006
24	Finland（芬兰）	1988
25	France（法国）	1953
26	Georgia（格鲁吉亚）	2012
27	Germany（德国）	1953
28	Ghana（加纳）	2019
29	Hong Kong, China（中国香港）	1997
30	Hungary（匈牙利）	2006
31	Iceland（冰岛）	2007
32	India（印度）	2006
33	Indonesia（印度尼西亚）	2004
34	Iran（伊朗）	2000
35	Ireland（爱尔兰）	1956
36	Israel（以色列）	2015
37	South Tyrol, Italy（意大利南蒂罗尔）	1995
38	Jamaica（牙买加）	2004
39	Japan（日本）	1961
40	Kazakhstan（哈萨克斯坦）	2014
41	Kenya（肯尼亚）	2020
42	Korea（韩国）	1966
43	Kuwait（科威特）	2012
44	Kyrgyzstan（吉尔吉斯斯坦）	2023
45	Latvia（拉脱维亚）	2011
46	Principality of Liechtenstein（列支敦士登）	1968

（续表）

序号	成员国家和地区	加入时间
47	Luxembourg（卢森堡）	1957
48	Macao, China（中国澳门）	1983
49	Malaysia（马来西亚）	1992
50	Mexico（墨西哥）	2005
51	Mongolia（蒙古国）	2014
52	Morocco（摩洛哥）	1998
53	Namibia（纳米比亚）	2011
54	Netherlands（荷兰）	1962
55	New Zealand（新西兰）	1985
56	Norway（挪威）	1990
57	Oman（阿曼）	2009
58	Pakistan（巴基斯坦）	2017
59	Palestine（巴勒斯坦）	2015
60	Paraguay（巴拉圭）	2011
61	Philippines（菲律宾）	1994
62	Poland（波兰）	2018
63	Portugal（葡萄牙）	1950
64	Romania（罗马尼亚）	2016
65	Russia（俄罗斯）	2012
66	Saudi Arabia（沙特阿拉伯）	2001
67	Singapore（新加坡）	1993
68	South Africa（南非）	1990
69	Spain（西班牙）	1950
70	Sri Lanka（斯里兰卡）	2012
71	Sweden（瑞典）	1994
72	Switzerland（瑞士）	1953

（续表）

序号	成员国家和地区	加入时间
73	Chinese Taipei（中国台北）	1970
74	Thailand（泰国）	1993
75	Trinidad and Tobago（特立尼达和多巴哥）	2012
76	Tunisia（突尼斯）	1996
77	Turkey（土耳其）	2009
78	Uganda（乌干达）	2019
79	Ukraine（乌克兰）	2019
80	United Arab（阿联酋）	1997
81	United Kingdom（英国）	1953
82	United States of America（美国）	1973
83	Uzbekistan（乌兹别克斯坦）	2020
84	Venezuela（委内瑞拉）	2002
85	Vietnam（越南）	2006
86	Zambia（赞比亚）	2014

注：以上信息来源于世界技能组织网站（www.worldskills.org），统计截至 2023 年 11 月。

附录 4　2022 年世界技能大赛特别赛比赛项目

序号	所属领域	项目名称
1	运输与物流（Transportation and Logistics）（6 项）	Aircraft Maintenance（飞机维修）
2		Autobody Repair（车身修理）
3		Automobile Technology（汽车技术）
4		Car Painting（汽车喷漆）
5		Freight Forwarding（货运代理）
6		Heavy Vehicle Technology（重型车辆维修）
7	结构与建筑技术（Construction and Building Technology）（13 项）	Bricklaying（砌筑）
8		Cabinetmaking（家具制作）
9		Carpentry（木工）
10		Concrete Construction Work（混凝土建筑）
11		Electrical Installations（电气装置）
12		Joinery（精细木工）
13		Landscape Gardening（园艺）
14		Painting and Decorating（油漆与装饰）
15		Plastering and Drywall Systems（抹灰与隔墙系统）
16		Plumbing and Heating（管道与制暖）
17		Refrigeration and Air Conditioning（制冷与空调）
18		Stonemasonry（建筑石雕）
19		Wall and Floor Tiling（瓷砖贴面）

（续表）

序号	所属领域	项目名称
20	制造与工程技术（Manufacturing and Engineering Technology）（21 项）	Additive Manufacturing（增材制造）
21		Chemical Laboratory Technology（化学实验室技术）
22		CNC Milling（数控铣）
23		CNC Turning（数控车）
24		Construction Metal Work（建筑金属构造）
25		Digital Construction（数字建造）
26		Electronics（电子技术）
27		Industrial Control（工业控制）
28		Industrial Mechanics（工业机械）
29		Industry 4.0（工业 4.0）
30		Manufacturing Team Challenge（制造团队挑战赛）
31		Mechanical Engineering CAD（CAD 机械设计）
32		Mechatronics（机电一体化）
33		Optoelectronic Technology（光电技术）
34		Plastic Die Engineering（塑料模具工程）
35		Prototype Modelling（原型制作）
36		Renewable Energy（可再生能源）
37		Robot Systems Integration（机器人系统集成）
38		Water Technology（水处理技术）
39		Mobile Robotics（移动机器人）
40		Welding（焊接）
41	信息与通信技术（Information and Communication Technology）（8 项）	Cloud Computing（云计算）
42		Cyber Security（网络安全）
43		Information Network Cabling（信息网络布线）
44		IT Network Systems Administration（网络系统管理）
45		IT Software Solutions for Business（商务软件解决方案）

（续表）

序号	所属领域	项目名称
46	信息与通信技术（Information and Communication Technology）（8 项）	Mobile Applications Development（移动应用开发）
47		Print Media Technology（印刷媒体技术）
48		Web Technologies（网站设计与开发）
49	创意艺术与时尚（Creative Arts and Fashion）（6 项）	3D Digital Game Art（3D 数字游戏艺术）
50		Fashion Technology（时装技术）
51		Floristry（花艺）
52		Graphic Design Technology（平面设计技术）
53		Jewellery（珠宝加工）
54		Visual Merchandising（商品展示技术）
55	社会与个人服务（Social and Personal Services）（8 项）	Bakery（烘焙）
56		Beauty Therapy（美容）
57		Cooking[烹饪（西餐）]
58		Hairdressing（美发）
59		Health and Social Care（健康与社会照护）
60		Hotel Reception（酒店接待）
61		Pâtisserie and Confectionery（糖艺 / 西点制作）
62		Restaurant Service（餐厅服务）

注：以上信息来源于世界技能组织网站（www.worldskills.org）。